Harald Scheerer

30 Minuten

Gespräche gewaltfrei gewinnen

Bibliografische Information der Deutschen Bibliothek

Die Deutsche Bibliothek verzeichnet diese Publikation in der Deutschen Nationalbibliografie; detaillierte bibliografische Daten sind im Internet über http://dnb.d-nb.de abrufbar.

Umschlaggestaltung: die imprimatur, Hainburg
Umschlagkonzept: Martin Zech Design, Bremen
Lektorat: Friederike Mannsperger, Offenbach
Satz: Zerosoft, Timisoara (Rumänien)
Druck und Verarbeitung: Salzland Druck, Staßfurt

© 2008 GABAL Verlag GmbH, Offenbach
2., überarbeitete Auflage 2012

Hinweis:
Das Buch ist sorgfältig erarbeitet worden. Dennoch erfolgen alle Angaben ohne Gewähr. Weder Autor noch Verlag können für eventuelle Nachteile oder Schäden, die aus den im Buch gemachten Hinweisen resultieren, eine Haftung übernehmen.

Printed in Germany

978-3-86936-324-0

In 30 Minuten wissen Sie mehr!

Dieses Buch ist so konzipiert, dass Sie in kurzer Zeit prägnante und fundierte Informationen aufnehmen können. Mithilfe eines Leitsystems werden Sie durch das Buch geführt. Es erlaubt Ihnen, innerhalb Ihres persönlichen Zeitkontingents (von 10 bis 30 Minuten) das Wesentliche zu erfassen.

Kurze Lesezeit
In 30 Minuten können Sie das ganze Buch lesen. Wenn Sie weniger Zeit haben, lesen Sie gezielt nur die Stellen, die für Sie wichtige Informationen beinhalten.

- Alle wichtigen Informationen sind blau gedruckt.

- Schlüsselfragen mit Seitenverweisen zu Beginn eines jeden Kapitels erlauben eine schnelle Orientierung: Sie blättern direkt auf die Seite, die Ihre Wissenslücke schließt.

- *Zahlreiche Zusammenfassungen innerhalb der Kapitel erlauben das schnelle Querlesen.*

- Ein Fast Reader am Ende des Buches fasst alle wichtigen Aspekte zusammen.

- Ein Register erleichtert das Nachschlagen.

Inhalt

Vorwort

Liebe Leserin, lieber Leser!
Der Inhalt dieses Buches könnte Ihr Leben verändern, beruflich und privat.

Sie werden dadurch kein besserer Mensch, denn Ihre Gene können Sie nicht manipulieren. Aber Sie werden anderen Menschen wesentlich sympathischer erscheinen, als dies vielleicht bisher der Fall gewesen ist.

Das wiederum bringt es fast zwangsläufig mit sich, dass es Ihnen sehr viel leichter fallen wird, sich durchzusetzen. Und das nicht nur bei Menschen, die hierarchisch schwächer sind als Sie, sondern auch bei Menschen, die stärker und mächtiger sind als Sie.

Ich verspreche Ihnen keineswegs hundertprozentigen Erfolg. Aber ich verspreche Ihnen, dass Sie leichter und erfolgreicher leben werden, wenn Sie die Grundgedanken des „partnerfreundlichen Verhaltens" verinnerlichen und die damit verbundenen Vorschläge konsequent anwenden.

Was ich Ihnen hier vorschlage, ist eine recht harte Art der Verhandlung, die brauchen Sie ja auch meist. Aber es ist eine Form des Gesprächs, die keine Wunden und keine Ressentiments hinterlässt.

Das Besondere dieses Ansatzes liegt darin, dass es sich nicht nur um erlernbares Wissen handelt, sondern um eine Bewusstseinsveränderung. Solche Bewusstseinsveränderungen sind zu allen Zeiten schwer durchsetzbar gewesen. In der Vergangenheit hatte ich auf diesem

Gebiet jedoch einige Erfolge, sodass ich hoffen darf, in dieser intelligenten Buchreihe des GABAL Verlages, die den Autor zu äußerster Präzision zwingt, den richtigen, Sie überzeugenden Ansatz gefunden zu haben.

Um den Lerneffekt zu vergrößern, habe ich in diesem Buch vieles, was ich schon vorher beschrieben hatte, zwei- bis dreimal wiederholt.

Die meisten Anregungen bekam ich aus den über 500 Seminaren, in denen ich dieses Thema mit Managern und Studenten erarbeitet habe.

Ich wünsche Ihnen viele neue Erkenntnisse, viel Freude und viel Erfolg!

Ihr Dr. Harald Scheerer
Em. Professor für Angewandte Rhetorik

30 MINUTEN

1. Was Sie beachten sollten, wenn Sie gewinnen wollen

Nehmen Sie einen Menschen und seine andere Meinung ernst. Respektieren Sie, dass er diese Meinung hat, und zeigen Sie ihm diesen Respekt deutlich. Er wird dann häufig das tun, was Sie von ihm wollen.

Das könnte ein Gesetz sein – aber in der Psychologie gibt es im Gegensatz zu den Naturwissenschaften keine Gesetze, sondern nur Wahrscheinlichkeiten.

1.1 Respekt vor der anderen Meinung

Es ist unbestritten, dass man einem Menschen,

- der sympathisch wirkt,
- den man gut leiden mag,
- den man achtet,
- den man für kompetent hält,

lieber zuhört als jemandem, den man als „Kotzbrocken" empfindet.

Einfach zuhören ist nicht einfach

Aber das Zuhören ist nun einmal die Voraussetzung für den Erfolg eines Gesprächs.

Es ergibt sich also folgende Kausalkette:

- Wenn Ihr Partner Ihnen nicht zuhört, können Sie ihn nicht überzeugen.
- Und er hört Ihnen nicht richtig zu, wenn er Sie – also Ihre Person – in der Zeit, in der Sie miteinander sprechen, als unangenehm empfindet.
- Und er empfindet Sie als unangenehm, wenn Sie sich partnerfeindlich verhalten.
- Und Sie verhalten sich partnerfeindlich, wenn Sie seine Meinung nicht respektieren.
- Und Sie respektieren seine Meinung nicht, wenn Sie diese angreifen und schlechtmachen (nicht zu verwechseln mit *ablehnen*; das dürfen Sie!).

Weitere Ursachen für die fehlende Zuhörbereitschaft eines Gesprächspartners (der dann, wenn er nicht zuhört, kein Partner mehr ist) können sein:

- Er hat den Eindruck, Sie hören **ihm** nicht zu.
- Sie formulieren partnerfeindlich: *„Nimm dich mal zusammen", „So können Sie das nicht machen", „Da haben Sie mal wieder nicht nachgedacht", „Du lügst!"* usw.
- Die Gesprächsatmosphäre ist aggressiv, was ja meistens der Fall ist, wenn sich ein Partner in irgendeiner Weise partnerfeindlich verhält – oder beide Partner sich „anfeinden".

Es ist schwer, andere Meinungen zu ertragen

Es dauert einige Zeit, bis Sie sich wirklich und endgültig dazu durchgerungen haben, einem anderen Menschen zu erlauben, ein Recht auf (s)eine eigene Meinung zu haben. Jeder von uns nimmt dieses Recht auf eine eigene Meinung für sich selbst ohne Weiteres in Anspruch und wehe, ein anderer will uns dieses Recht und damit unsere eigene Meinung zu einem bestimmten Problem absprechen! Dann wird nicht nur unser Selbstwertgefühl verletzt, sondern wir werden ärgerlich und sogar ausfällig (Mandelkern-Syndrom, wird noch erklärt auf S. 67).

Anders ist es, wenn dieser „unverschämte" Gesprächspartner stärker und mächtiger ist als wir. Dann sind wir still, verschließen Schmerz und Ärger tief in der Brust und warten auf einen günstigen Augenblick. Wir werden dann – je nach Veranlagung – irgendwann versuchen, es dem anderen heimzuzahlen und uns zu rächen – offen oder versteckt.

Es liegt auf der Hand, dass wir vom Augenblick der Verletzung an nicht mehr oder nicht mehr richtig zuhören, weil wir mit unserer Verletzung und unserem Ärger beschäftigt sind. Und außerdem: Einem so unverschämten und unsympathischen Menschen wollen wir sowieso nicht zuhören!

> **Merke!**
> Der Leitsatz für ein partnerfreundliches und damit Erfolg versprechendes Gespräch heißt:
> **Nimm die Meinung des anderen ernst.**

Respektieren Sie die andere Meinung, auch wenn sie Ihnen nicht gefällt und Sie sie für unmöglich oder gar idiotisch halten!

Jeder Ihrer Gesprächspartner legt nicht nur Wert darauf, sondern hat auch das Recht, dass seine Meinung ernst genommen wird. Wir vergessen nur zu leicht, dass die Achtung vor der fremden Meinung eines der Grundprinzipien des demokratischen Zusammenlebens ist. Das ist für viele im Alltagsleben eine Selbstverständlichkeit, aber im Berufsleben verhalten sie sich gänzlich anders. Am liebsten hätten wir natürlich, dass unsere Meinung von allen geteilt wird. Aber das ist ja leider nur selten der Fall.

Hier haben wir aber den Ansatz, den wir brauchen, um

uns unverrückbar klarzumachen, dass wir in jedem Gespräch die Meinung unseres Gesprächspartners respektieren sollten. Weder unser Verstand noch unser Gefühl darf uns dazu verführen, die andere, gegnerische Meinung zu bagatellisieren, sie zu negieren, sie vom Tisch zu wischen, sie schlechtzumachen oder auch nur kritisch zu bewerten. Wir nehmen sie zur Kenntnis – und setzen unsere (andere) Meinung dagegen. Also immer wieder daran denken: Genauso wie ich meine Meinung habe, darf auch jeder andere seine Meinung haben!

Diese Überlegung führt zu einer inneren Einstellung, die jedem dazu verhilft, abweichende Meinungen zu respektieren und sich in Gesprächen entsprechend zu verhalten. Wenn Sie diese innere Einstellung akzeptieren, nicht nur mit dem Verstand, was verhältnismäßig leicht ist, sondern auch mit dem Gefühl, was viel schwerer ist, erfüllen Sie eine ganz wichtige Voraussetzung für den Erfolg der von Ihnen geführten kontroversen Gespräche.

Nun nützt Ihre ganze innere Einstellung allerdings überhaupt nichts, wenn der Gesprächspartner diese nicht registriert. Also müssen Sie dafür sorgen, dass er sie bemerkt, und ihm dadurch zeigen, dass Sie seine Meinung ernst nehmen.

Verhaltensänderung

Es gibt zwei Möglichkeiten, im Gespräch Ihrem Partner ganz deutlich zu machen, dass Sie seine Meinung und damit ihn persönlich ernst nehmen und respektieren:

- partnerfreundlich zuhören
- partnerfreundlich formulieren

Partnerfreundlich heißt: die Interessen des Gesprächspartners ernst nehmen (wohlgemerkt nicht: tolerieren oder akzeptieren!), also ihm das Recht auf seine eigene Meinung zugestehen, bei strikter Beibehaltung der eigenen, eventuell völlig anderen Meinung.

Partnerfeindlich heißt: die Interessen des Gesprächspartners nicht respektieren, also sie nicht ernst nehmen, also ihm nicht das Recht auf seine eigene Meinung zuzugestehen, also ihn und seine Meinung bekämpfen.

Verhalten Sie sich partnerfreundlich, d. h., respektieren Sie, dass Ihr Gesprächspartner eine eigene Meinung hat, ohne aber dabei Ihre eigene Meinung aufzugeben. Er wird dann sehr viel eher das tun, was Sie von ihm wollen.

1.2 Partnerfreundlich zuhören

Zuhören ist ein ganz wichtiges Verhalten, durch das Sie dem Partner zeigen können: *„Deine Meinung interessiert mich. Ich nehme sie sehr ernst."*
Auch Ihr Gesprächspartner weiß, dass es Ihnen schwerfällt, jemandem ruhig zuzuhören, der etwas sagt, was

Sie nicht interessiert oder was Ihnen völlig „gegen den Strich" geht. Deswegen rechnet er es Ihnen hoch an, dass Sie trotzdem zuhören. Die Beziehungsebene wird positiv.

Zeichen von Desinteresse

Wenn Sie anderer Meinung sind als Ihr Gesprächspartner, besteht die große Gefahr, dass Sie abschalten und an etwas anderes denken. Es besteht auch die Gefahr, dass Sie den anderen einfach unterbrechen.

Oder aber, wenn Sie mächtiger sind als Ihr Partner, zeigen Sie vielleicht, dass Sie völlig uninteressiert sind, und sehen aus dem Fenster, sehen auf die Uhr, trommeln mit den Fingern auf dem Tisch usw.

Kurzum, Sie benehmen sich äußerst partnerfeindlich, was Ihren Gesprächspartner natürlich nicht freut, die Beziehungsebene wird negativ. Ihr Gesprächspartner merkt sehr schnell,

- dass Sie seine Meinung überhaupt nicht interessiert,
- dass Sie diese vielleicht sogar ablehnen,
- dass Sie diese Meinung also nicht respektieren.

Das verletzt das Selbstwertgefühl Ihres Gesprächspartners. Selbst wenn er Sie vorher gut leiden konnte, lehnt er Sie jetzt ab und wird deshalb seinerseits nicht daran denken, Ihnen zuzuhören, wenn Sie ihm etwas sagen wollen.

Wie Sie zeigen können, dass Sie zuhören

Zuhören allein genügt nicht, denn es ist ja ein stummer und nicht sichtbarer Vorgang. Sie müssen ganz deutlich zeigen, dass Sie zuhören, sonst merkt Ihr Gesprächspartner das gar nicht. Da Sie nicht unterbrechen wollen und sollen, können Sie dazu nur die Körpersprache einsetzen: Sehen Sie Ihren Partner aufmerksam an, wenn er zu Ihnen spricht. Reagieren Sie auf das, was er sagt, durch Kopfnicken, Kopfwiegen, Kopfschütteln (wenn angebracht), Lächeln, Achselzucken usw. Dadurch zeigen Sie ihm, dass Sie seine Ausführungen interessieren, dass Sie diese also ernst nehmen, auch wenn Sie eine ganz andere Meinung haben. Das freut ihn, nimmt ihn für Sie ein, denn jeder Mensch schätzt es, wenn seine Meinung respektiert wird. Nun ist er geneigt, auch Sie anzuhören, es entsteht eine positive Atmosphäre, in der Sie ihn auch viel leichter in Ihrem Sinne beeinflussen können.

Wenn Ihr Gesprächspartner mit Sprechen fertig ist, müssen Sie Stellung nehmen zu dem, was er gesagt hat, also ihm antworten. Jetzt haben Sie die Möglichkeit, auch durch den Inhalt Ihrer Rückmeldung deutlich zu zeigen, dass Sie zugehört haben, also die Meinung des Partners respektieren.

Partnerfreundliche Rückmeldung

Jeder Mensch ist erfreut, wenn sein Gesprächspartner wiederholt, was er gerade gesagt hat. Diese Wiederholung wird als positive Rückmeldung empfunden. Die Wiederholung zeigt dem Gesprächspartner,

- dass Sie das, was Sie wiederholen, für wichtig halten,
- dass Sie aufmerksam zugehört haben,
- dass Sie ihn akustisch richtig verstanden haben,
- dass Sie ihn auffordern, Sie zu korrigieren, falls Sie ihn nicht richtig verstanden haben sollten.

Solch ein Feedback nimmt Ihren Gesprächspartner sehr für Sie ein und schafft eine solide Basis für einen Gesprächsausgang in Ihrem Sinne.
Der Einsatz dieser partnerfreundlichen Rückmeldung ist ganz einfach: Sie halten Blickkontakt mit Ihrem Gesprächspartner, benutzen eine Gesprächspause oder unterbrechen ihn an einer günstigen Stelle – möglichst am Ende eines Gedankengangs – und wiederholen dann mit Ihren eigenen Worten sinngemäß das, was der andere gerade gesagt hat.

Die Unterbrechung beginnen Sie mit einer Überleitung wie:

„Wenn ich Sie richtig verstanden habe ...“
„Wenn ich richtig gehört habe ...“
„Du meinst also ...“
„Ihrer Ansicht nach ...“ usw.

Wenn der Partner die Richtigkeit Ihrer Wiederholung durch Körpersprache oder Worte bestätigt hat, dann erst antworten Sie ihm und sagen Ihre vielleicht völlig abweichende Meinung.

Zeigen Sie bei der Rückmeldung nicht durch Mienenspiel, durch Betonungen oder durch kritische Worte, dass Sie mit dem, was der andere gesagt hat, nicht einverstanden sind. Lassen Sie aber auch keine heuchlerische Zustimmung erkennen. Sonst haben Sie nicht mehr die Möglichkeit, anschließend eine ablehnende Antwort zu geben, was Sie ja eigentlich wollen. Denn die partnerfreundliche Rückmeldung wird ja meist nur dann eingesetzt, wenn man den Gesprächspartner auf die eigene, abweichende Meinung positiv vorbereiten will. Und das ist nur möglich, wenn das Gespräch weitgehend aggressionsfrei bleibt.

Die folgenden Gesprächsbeispiele betreffen

a) partnerfeindliches Verhalten
b) die partnerfreundliche Rückmeldung

Ich habe ganz bewusst Beispiele genommen, die nicht unmittelbar mit beruflichen Problemen zu tun haben.

Beispiel: a) partnerfeindliches Verhalten

Partnerfeindliches Gespräch zwischen Vater und Sohn:

Sohn: *„Ich will Modefotograf werden, daran wirst du nichts ändern. Ich bin es leid, weiter zur Schule zu gehen und unnötiges Zeug zu büffeln. Ich will was tun, was Bestand hat, was mir Freude macht."*

Vater: *„Das wollen wir ja mal sehen. Schließlich habe ich da auch noch ein Wort mitzureden! Du machst auf jeden Fall erst Abitur!"*

Sohn: *„Das wollen wir ja mal sehen! Ich denke gar nicht dran. Ich weiß genau, was ich will, und davon wirst du mich nicht abhalten!"*

Vater: *„Dein Ton gefällt mit gar nicht! Können wir denn nicht sachlich bleiben?"*

Sohn: *„Du und sachlich? Dass ich nicht lache!"* Usw.

Ich glaube nicht, dass dieses Gespräch viel bringt.

Beispiel: b) partnerfreundliche Rückmeldung

Partnerfreundliches Gespräch zwischen Vater und Sohn. Gesprächsziel: den Sohn dazu bewegen, Abitur zu machen.

Sohn: *„Ich will Modefotograf werden, daran wirst du nichts ändern. Ich bin es leid, weiter zur Schule zu gehen und unnötiges Zeug zu büffeln. Ich will was tun, was Bestand hat, was mir Freude macht."*

Vater: *„Wenn ich dich richtig verstanden habe, willst du auf jeden Fall Modefotograf werden. Die Schule macht dir keinen Spaß. Du hältst das für überflüssig, was du da lernst. Du hältst den Beruf*

Modefotograf für kreativ und denkst, dass er dir
Freude machen wird. Richtig?"

Sohn: *„Ja, genau!"*

Nachdem jetzt eine gewisse Übereinstimmung herge-
stellt ist, geht der Vater auf die Argumente des Sohnes
ein und setzt seine eigenen Argumente dagegen:

Vater: *„Ich könnte mir vorstellen, dass da was dran ist.*
Mir wäre es allerdings lieber, wenn du dich dazu
durchringen könntest, vorher Abitur zu machen.
Du hast doch nur noch knapp zwei Jahre!"

Sohn: *„Da haben wir es mal wieder! Erst tust du so, als*
wärst du einverstanden, dann kommst du wieder
mit dem dämlichen Abi!"

Vater: *„Du meinst, ich wäre nach wie vor gegen diesen*
Beruf und wollte nur, dass du Abitur machst?"

Sohn: *„Ja, ist es denn nicht so?"*

Vater: *„Nicht ganz. Ich möchte gerne beides unter einen*
Hut bringen: erst Abitur, dann Modefotograf. Bis
zum Abi könntest du ja schon mal bei einem Fo-
tografen volontieren; Onkel Hans ist mit seiner
Firma ja ständiger Kunde bei einem wirklich gu-
ten Fotografen, vielleicht könnte man mit dem
mal sprechen?"

Hier können wir wohl abbrechen. Ich glaube, es ist ganz
deutlich geworden, dass der Vater den aufgeregten
Sohn durch die sehr einfühlsamen, partnerfreundlichen

Rückmeldungen immer wieder für sich einnimmt. Vermutlich wird er sein Gesprächsziel erreichen.

Gespräch zwischen Geschäftspartnern. Gesprächsziel: Partner 2 will Partner 1 vom Nutzen der Werbung überzeugen.

Beispiel: a) partnerfeindliches Verhalten

So laufen solche Gespräche sehr häufig:

Partner 1: *„Dieser ganze Werberummel ist doch zum Kotzen! Wo man hinsieht oder hinhört, nur Reklame! Radio, Fernseher, Internet, Zeitung, überall! Ich meine, das Ganze gehört verboten. Die wollen uns doch bloß manipulieren!"*

Partner 2: *„Na hör mal, da bist du aber schlecht im Bilde! Werbung ist äußerst nützlich! Ich glaube, ich muss dich mal aufklären, Also ..."*

Partner 1: *Du hast's nötig! Mich aufklären! Du meinst wohl, ihr Kaufleute seid allwissend! Usw.*

Es wird wohl lange dauern, bis man sich einigt, wenn überhaupt!

Beispiel b) partnerfreundliche Rückmeldung

Partner 1: *„Dieser ganze Werberummel ist doch zum Kotzen! Wo man hinsieht oder hinhört nur Reklame! Radio, Fernseher, Internet, Zeitung, überall! Ich meine, das Ganze gehört* verboten. Die wollen uns doch bloß manipulieren!"

Partner 2: *„Du meinst also, der ganze Werbe- oder Reklamerummel stört dich. Dir wäre es lieber, Werbung würde überhaupt verboten. Wir sollten dadurch ja doch bloß manipuliert werden. Stimmt's?"*

Partner 1: *„Du hast es erfasst."*

Partner 2: *„Da bin ich nicht deiner Meinung. Ohne die Werbung würden wir viele nützliche und schöne Sachen überhaupt nicht kennen. Außerdem wird vieles durch Werbung billiger."*

Partner 1: *„Billiger? Ich glaube, du spinnst! Teurer!!"*

Partner 2: *„Du bist also der Meinung, Werbung macht teurer."*

Partner 1: *„Ja, und ob!"*

Partner 2: *„Auch da bin ich anderer Meinung. Durch Werbung wird mehr verkauft. Das gibt höhere Stückzahlen, dadurch weniger Kosten pro Stück und dadurch billigere Preise."*

Ich glaube nicht, dass das Gespräch ohne die Wiederholungen von Partner 2 so ruhig geblieben wäre.

Sie sehen, beim Einsatz der partnerfreundlichen Rückmeldung geht es darum, Aggressionen möglichst aus dem Gespräch herauszuhalten. Das wird erreicht durch die positive Wirkung der neutralen Wiederholungen.

Merke!
Vorteile der partnerfreundlichen Rückmeldung:

- Sie zwingen sich selbst zum Zuhören. Sonst könnten Sie nämlich nicht wiederholen.
- Ihr Gesprächspartner findet Sie sympathisch.
- Sie haben Zeit, um über Ihre Argumente, mit denen Sie gewinnen wollen, nachzudenken.
- Das Gespräch wird aggressionsfreier, weil Sie durch die Wiederholungen ruhiger werden, eigene Emotionen abbauen und auch beim Partner durch Ihr Interesse an seinen Ausführungen negative Emotionen abgebaut werden.

Natürlich können Sie das partnerfreundliche Rückmelden nicht durchgängig anwenden. Das Gespräch würde dadurch viel zu sehr in die Länge gezogen.

Das partnerfreundliche Rückmelden kann übrigens durchaus von beiden Gesprächspartnern gleichzeitig angewendet werden, wie überhaupt jedes partnerfreundliche Verhalten. Denn es dient ja dazu, den Partner zu gewinnen, nicht dazu, ihn zu besiegen. Bei welchen Gelegenheiten sollten Sie das Rückmelden nun anwenden, wenn Sie es schon nicht durchgehend einsetzen können? Setzen Sie die partnerfreundliche Rückmeldung ein,

- wenn das Gespräch unsachlich wird,
- wenn das Gesprächsklima unfreundlich ist,
- wenn Sie nicht genau wissen, was Sie antworten sollen.

Vielleicht – und das wäre nicht das Schlechteste – merken Sie bei der Wiederholung auch, dass der Gesprächspartner eigentlich ganz vernünftige Gedanken hat. Vielleicht wäre ein Kompromiss möglich?

Die partnerfreundliche Rückmeldung kann übrigens bei drei Machtkonstellationen angewendet werden. Die drei Machtkonstellationen:

- Sie sind stärker als Ihr Gesprächspartner,
- Sie sind schwächer als Ihr Gesprächspartner,
- Sie sind gleich stark wie Ihr Gesprächspartner.

Wenn Ihr Gesprächspartner merkt, dass Sie ihm zuhören, mag er Sie, auch wenn Sie eine andere Meinung haben als er. Allerdings sollten Sie ihm ganz deutlich machen, dass Sie zuhören. Dabei können Ihnen das „sichtbare Zuhören" und die „partnerfreundliche Rückmeldung" sehr behilflich sein.

1.3 Partnerfreundlich formulieren

Eine weitere Möglichkeit, dem Partner zu zeigen, dass man seine Meinung respektiert, ist folgende:

Umkehrbar formulieren
Bei einem kontroversen Gespräch sind beide Gesprächspartner oft gereizt und dann in ihrer Wortwahl und in

ihren Formulierungen nicht besonders wählerisch und vorsichtig.

Sie sollten sich aber immer vor Augen halten, dass Wortwahl, Ton und Formulierung des Gesagten oft eindrucksvoller und damit wichtiger sind als der Inhalt des Gesagten.

Partnerfreundliche Wortwahl, angenehmer Ton und nette Formulierung eines für den Gesprächspartner unangenehmen Inhalts machen es diesem leichter, solch einen Inhalt anzunehmen, ihn – wenn vielleicht auch widerwillig – zu akzeptieren. Darin besteht Ihre Chance: Sie wollen ja das Gespräch zu Ihren Gunsten beenden, also den Gesprächspartner für Ihre Auffassung gewinnen, nicht ihn „besiegen". Aus diesem Grund sollten Sie Äußerungen, die für den Gesprächspartner unangenehm sind, so formulieren, dass sie den anderen möglichst wenig verletzen, also sein Selbstwertgefühl nicht angreifen.

Der Inhalt dessen, was Sie sagen wollen, also die „Wahrheit" bzw. das, was Sie dafür halten, darf aber nicht abgemildert, verfälscht oder bagatellisiert werden. Sie müssen ja Ihr Gesprächsziel erreichen.

Sagen Sie also nicht: „Du lügst!", sondern sagen Sie: „Ich bin ganz sicher, dass das nicht die Wahrheit ist!"

Beide Aussagen sind inhaltlich identisch. Aber die erste Aussage (*„Du lügst"*) verletzt, denn sie greift Ihren Gesprächspartner persönlich an. Damit beschädigt sie sein Selbstwertgefühl und führt zur Aggression (*„Sag lieber nichts mehr, sonst kriegst du was auf die Rübe!"*)

oder, bei hierarchisch Schwächeren, zur Resignation.

Die zweite Aussage („*Ich bin ganz sicher, dass das nicht die Wahrheit ist*") betrifft nicht die Person, die gesprochen hat, sondern nur deren Aussage. Das verletzende, die Person angreifende Wort „Lüge" fällt nicht, obwohl die Aussage trotzdem an Deutlichkeit nichts zu wünschen übrig lässt. Ton und Formulierung lassen diese Worte aber nicht als persönliche Kränkung erscheinen, der Gesprächspartner fühlt sich nicht verletzt und bleibt deswegen offen für Ihre Argumente. Es besteht also die Chance, ihn für Ihr Gesprächsziel zu gewinnen. Formulieren Sie also alle Äußerungen in einem kontroversen Gespräch umkehrbar, d. h. so, dass der Partner diese Äußerungen genau so Ihnen gegenüber machen könnte, ohne dass Ihr Selbstwertgefühl verletzt würde. Dann haben Sie die Chance, ihn für „Ihre Sache" zu gewinnen.

Übung 1

Es folgen einige partnerfeindliche, nicht umkehrbare Äußerungen. Ersetzen Sie sie bitte durch Äußerungen, die inhaltlich identisch, aber umkehrbar, also partnerfreundlich sind. Das Lösungsverzeichnis finden Sie auf S. 92.

1. „*Wirst du denn nie klug?*"
2. „*Da haben Sie sich ja mal wieder mit Ruhm bekleckert!*"
3. „*Hätte ich es doch lieber selbst gemacht!*"
4. „*Ich verbiete dir das!*"
5. „*Glauben Sie, dass Sie immer alles richtig machen?*"

Die partnerfreundlichen Formulierungen sind keineswegs „Streicheleinheiten". Sie haben aber den Vorteil, dass sie Aggressionen weitgehend aus dem Gespräch heraushalten und Ihnen so die Möglichkeit geben, Ihr Gesprächsziel zu erreichen. Dabei ist zu berücksichtigen, dass die Toleranzschwelle dessen, was umkehrbar und was nicht umkehrbar ist, von Mensch zu Mensch unterschiedlich ist. Normalerweise ist aber Ihre eigene Befindlichkeit durchaus ein Maßstab.

Übung 2

Finden Sie bitte bei den folgenden Äußerungen heraus, welche umkehrbar, also partnerfreundlich sind und welche nicht:

1. *„Ich finde das nicht gut."*
2. *„Das ist doch großer Unsinn."*
3. *„Das stimmt nicht!"*
4. *„Diese Meinung kann ich nicht teilen!"*
5. *„Da hast du mal wieder nicht nachgedacht!"*
6. *„Damit bin ich nicht einverstanden."*
7. *„Aber das können Sie doch wirklich nicht machen, mein Lieber!"*
8. *„Ich verstehe nicht, wie du zu dieser Meinung kommst."*
9. *„Du hast doch nie etwas Gescheites zustande gebracht!"*
10. *„Es tut mir leid, dass dieser Eindruck entstanden ist."*

Partnerfreundliche Ich-Botschaften

Besonders häufig formulieren wir nicht umkehrbar, also partnerfeindlich, wenn wir uns über den Gesprächspartner ärgern oder wenn er uns Angst macht. Wir verwenden dann gerne nicht umkehrbare, partnerfeindliche Du-Botschaften. Darüber ärgert sich nun wieder unser Gesprächspartner. Das hat zur Folge, dass er seinerseits ebenfalls partnerfeindliche Du-Botschaften einsetzt. Das Ergebnis: Eskalationen, die den (für Sie unerwünschten) negativen Ausgang des Gesprächs zwangsläufig herbeiführen.

Wie kommt es zu solchen negativen Reaktionen?

Wir meinen oft, wir müssten unserem Gesprächspartner beweisen, dass wir stärker sind als er; wir wollen ihn also „besiegen". Manchmal brechen auch urzeitliche Ängste durch, z. B das Mandelkern-Syndrom, das ich später noch erklären werde (s. S. 67). Als „Waffe" dient uns dann diese negative und damit partnerfeindliche Du-Botschaft (*„Du hast ..."*).

Oder wir ärgern uns über die Äußerung des Gesprächspartners und wollen ihm durch einen Sieg beweisen, dass wir recht haben. Das führt dann zum Krieg, denn der andere wehrt sich. Bei hierarchisch Schwächeren führt es zunächst nicht zum Krieg, sondern zur Frustration mit ihren schädlichen Auswirkungen (Resignation und spätere Rache).

Dieses partnerfeindliche Verhalten fällt uns gar nicht schwer, denn partnerfeindliche Du-Botschaften fallen einem immer sehr schnell ein. Dabei ist es ganz einfach, Aggressionen aus dem Gespräch herauszuhalten: Sie müssen nur bei jedem Angriff Ihres Gesprächspartners, bei jeder Beschuldigung, bei jeder Beleidigung, bei jeder Äußerung, die Ihnen nicht passt, mit einer partnerfreundlichen Ich-Botschaft reagieren.

Das heißt, Sie sollten nicht kontern, sondern mittels dieser partnerfreundlichen Ich-Botschaft deutlich sagen, dass Sie sich gestört fühlen. Also nicht den anderen anklagen und angreifen und ihn dadurch in die aggressive Verteidigungshaltung zwingen, sondern durch Ihre Ich-Botschaft zeigen, dass Sie seine (wenn auch empörende!) Meinung ernst nehmen.

Greifen Sie Ihren Gesprächspartner also nicht an, sondern sagen Sie ihm, was Sie fühlen. Dadurch zwingen Sie ihn, sich mit Ihnen zu befassen. Da Sie ihn nicht angreifen, hat er auch keine negativen Gefühle Ihnen gegenüber, braucht sich nicht zu verteidigen und hat Zeit, über das nachzudenken, was er angerichtet hat. Er fühlt sich also nicht verpflichtet oder gezwungen, Sie seinerseits wieder anzugreifen.

Es folgen einige Beispiele, die zeigen, was ich unter „Partnerfreundliche Ich-Botschaften" verstehe und welche positiven Wirkungen sie auf den Verlauf eines Gespräches haben können:

Beispiel: Partnerfeindliche Du-Botschaft

Lehrer: *„Du bist faul und dazu noch dumm!"*

Der Lehrer beschimpft ein Kind (was besonders verwerflich ist, weil es sich nicht wehren kann). Dadurch

entstehen beim Kind mit Sicherheit Trotz und Rachege-
fühle, also das Gegenteil von dem, was der Lehrer eigentlich erreichen will.

Vielleicht wäre es wirkungsvoller, wenn der Lehrer
Folgendes sagen würde:

Beispiel: Partnerfreundliche Ich-Botschaft

Lehrer: *„Es ärgert mich, dass du viel weniger leistest, als
Du eigentlich könntest."*

Das ist auch deutlich, aber es verletzt nicht so. Die Möglichkeit der Besserung ist sicher größer als bei der Be-
schimpfung.

Beispiel: Partnerfeindliche Du-Botschaft

Meister: *„Los, los, stehen Sie nicht so faul herum!"*

Der Auszubildende wird sich nach dieser Anschuldi-
gung bestimmt nicht mit Feuereifer auf seine Arbeit
stürzen und das Verhältnis zum Meister wird sicher
nicht harmonischer.

Da wäre eine partnerfreundliche Ich-Botschaft des
Meisters vielleicht wirkungsvoller:

Beispiel: Partnerfreundliche Ich-Botschaft

Meister: *„Ich mag es nicht, wenn die Arbeit so lange liegen bleibt."*

Oder:

Meister: *„Mir wäre es sehr lieb, wenn die Arbeit heute noch fertig werden würde."*
Urteilen Sie selbst, ob die partnerfreundlichen Ich-Botschaften nicht wirkungsvoller sind.

Beispiel: Partnerfeindliche Du-Botschaft

Chef: *„Da haben Sie mal wieder nicht richtig gespurt!"*

Fast jeder Mitarbeiter ist gekränkt, wenn ihm so etwas gesagt wird. Und wer gekränkt wird, arbeitet nicht gern für den, der ihn gekränkt hat. Da der Mitarbeiter in der schwächeren Position ist, wird er nichts weiter sagen, sondern warten, bis er sich rächen kann.

Beispiel: Partnerfreundliche Ich-Botschaft

Chef: *„Ich finde das nicht gut, was Sie gemacht haben."*

Oder:

Chef: *„Ich bin enttäuscht, dass Sie unseren Standard noch nicht erreicht haben!"*

Auch wenn diese Aussagen des Chefs nicht angenehm für den Mitarbeiter sind, so sind sie doch partnerfreundlich, denn sie machen ihn nicht nieder, wie es sonst häufig in solchen Situationen der Fall ist. Ein als Ich-Botschaft formulierter Tadel verletzt nicht so persönlich und ist dadurch meist wirksamer.

Übung 3

In jedem der folgenden Blöcke mit verschiedenen Aussagen ist eine partnerfreundliche Ich-Botschaft enthalten. Welche ist das?

1. a) *„Lachen Sie nicht so!"*
   b) *„Ihr Lachen ärgert mich."*
   c) *„Sie sind überheblich."*
   d) *„Meinen Sie, dass man darüber lachen sollte?"*

2. a) *„Das stimmt nicht!"*
   b) *„Jetzt übertreibst du aber."*
   c) *„Ich sehe das ganz anders."*
   d) *„So schlimm ist es doch wirklich nicht."*

3. a) *„Du bist ungerecht!"*
   b) *„Ich fühle mich schlecht behandelt."*
   c) *„Warum lassen Sie Ihren Ärger an mir aus?"*
   d) *„Ich kann doch nichts dafür!"*

Bei partnerfreundlichen Ich-Botschaften greife ich nie an. Dadurch bleibt das Gespräch aggressionsfrei. Bei partnerfeindlichen Du-Botschaften verberge oder verdecke ich meine Gefühle. Das, was ich als unangenehm empfinde, benutze ich als Anklage oder Vorwurf an den Gesprächspartner, also als Angriffswaffe. Dadurch entstehen dann erhebliche Aggressionen.

Partnerfeindliche Du-Botschaften können in mehreren Verkleidungen auftauchen: als Fragen, Befehle, Ratschläge, Anklagen, Kritik, Beschimpfungen, Urteile, Sarkasmen und in der harmlos erscheinenden, ganz unpersönlichen „man"-Form, hinter der zumeist eine Kritik steckt.

An den Beispielen sehen Sie, dass bei der partnerfreundlichen Ich-Botschaft – also beim direkten Offenlegen von Gefühlen – immer ein Problem vorliegt. Sie können jede partnerfreundliche Ich-Botschaft mit den Worten beginnen: *„Ich habe ein Problem ..."*

Bei einem wichtigen Gespräch, ganz gleich, ob geplant oder spontan, weiß Ihr Gesprächspartner oft gar nicht, dass er Sie geärgert oder in irgendeiner Hinsicht gestört hat – dass er Ihnen also ein Problem bereitet hat.

Wenn Sie ihm nun Ihren Ärger als partnerfeindliche Du-Botschaft „um die Ohren schlagen", dann fühlt er sich völlig unberechtigt angegriffen, und das bringt ihn gegen Sie auf. Er wehrt sich und es gibt (völlig unnötigen) Krieg. Das erschwert es Ihnen dann natürlich, das Gespräch in Ihrem Sinne zu führen.

In den folgenden Übungsbeispielen finden Sie eine Reihe von Aussagen. Bitte kreuzen Sie bei jedem der 6 Blöcke die Aussage an, die Ihrer Ansicht nach eine partnerfreundliche Ich-Botschaft ist.

Übung 4

1. a) „Das nimmt Ihnen niemand ab!"
   b) „Das glauben Sie doch selbst nicht!"
   c) „Können Sie das beweisen?"
   d) „Man kann doch nicht einfach etwas in den Raum stellen!"
   e) „Ich kann es wirklich nicht glauben!"

2. a) „Sie können mich nicht zwingen, das zu tun!"
   b) „Meinen Sie wirklich, dass ich das tun sollte?"
   c) „So etwas tut man einfach nicht!"
   d) „Ich finde es wirklich nicht gut, das zu tun."

3. a) „Diese Aufstellung liest doch kein Mensch."
   b) „Glauben Sie wirklich, dass das jemand liest?"
   c) „Diese Aufstellung halte ich für überflüssig."
   d) „Diese Aufstellung mache ich gar nicht gern."

4. a) „In Ihrer Gegenwart fühle ich mich bedrückt."
   b) „Sie können einem aber ganz schön zusetzen!"
   c) „Ist Ihnen bewusst, dass Sie aggressiv wirken?"
   d) „Könnten Sie nicht etwas mehr auf andere eingehen?"

5. a) „Pünktlichkeit ist auch nicht deine starke Seite!"
   b) „Könntest du nicht einmal pünktlich sein?"
   c) „Ich habe mir Sorgen gemacht."
   d) „Wie schön, dass du jetzt schon kommst!"

6. a) „Meinen Sie, dass man darüber lachen sollte?"
   b) „Ihr Lachen ärgert mich."
   c) „Ihr Lachen macht einem ganz schön zu schaffen!"
   d) „Bitte lassen Sie das Lachen!"

Um es noch einmal zu sagen: Sehr oft sind es partnerfeindliche Du-Botschaften, mit denen der andere uns angreift. Sie werden bald merken, dass man diese partnerfeindlichen Du-Botschaften (Angriffe, Sarkasmen, Befehle, Kritik usw.) durch Antworten mit partnerfreundlichen Ich-Botschaften wirkungslos machen kann.

Unfaire Angriffe abwehren

Die vorhergehenden Ausführungen haben vielleicht schon eines deutlich gemacht: Mit partnerfreundlichen Ich-Botschaften lassen sich auch unsachliche, unqualifizierte Angriffe hervorragend parieren. Die partnerfreundliche Ich-Botschaft bringt ein Gespräch, das zu entgleisen droht, fast immer wieder auf eine Ebene, auf der es möglich ist, weiter zu verhandeln. Das gibt es sonst bei keiner der häufig angepriesenen, kurzlebigen Gesprächs-„Techniken".

Aber: Die partnerfreundliche Ich-Botschaft eignet sich nicht als Entschuldigung! Wenn der gegnerische Vorwurf zu Recht erfolgt, dann hilft nur eine wirkliche Entschuldigung, um die Atmosphäre zu bereinigen.

Die partnerfreundliche Ich-Botschaft bedeutet nicht: *„Ich gebe nach!"* Sie bedeutet auch kein Schwachwerden, kein Zurückweichen, kein Aufgeben der eigenen Position. Sie birgt aber – und das ist sehr viel – die Chance, das Gespräch zu einem für Sie glücklichen Ende zu führen.

Partnerfreundliche Ich-Botschaften sind sinn- und wirkungslos, wenn Ihr Gesprächspartner ein Feind ist, der kein Interesse an irgendeiner Einigung hat.

Vorteile formulieren

Zum partnerfreundlichen Formulieren gehört es auch, Ihrem Gesprächspartner die persönlichen Vorteile deutlich zu machen, die er davon hat, wenn er das tut, was Sie ihm vorschlagen. Fast jeder Mensch ist nämlich ausschließlich an der Antwort auf eine einzige Frage interessiert. Und die heißt:

„Was nützt es mir?"

Was nützt es mir, wenn ich zuhöre? Was nützt es mir, wenn ich das tue oder lasse, was mein Gegenüber mir vorschlägt?

Jedoch erkennen die meisten Menschen in einem Gespräch ihre Vorteile nicht. Es liegt also an Ihnen, Ihrem

Gesprächspartner diese deutlich zu machen. Formulieren Sie ganz genau aus, was für ihn alles vorteilhaft ist.

Sagen Sie nicht: *„Die Gleitzeit ist eine sehr vorteilhafte Angelegenheit"*, sondern: *„Durch die Gleitzeit können Sie Ihre Arbeitszeit ganz individuell einteilen."*

Sagen Sie nicht: *„Wenn wir den Teich einzäunen, ist die Gefahr beseitigt"*, sondern: *„Wenn wir den Teich einzäunen, können die Kinder ohne Gefahr spielen, und wir als Eltern müssen nicht ständig Angst haben, dass irgendetwas passiert."*

Merken Sie den Unterschied? Sie müssen Ihre Gesprächspartner mit der Nase auf das stoßen, was ihnen nützt und wie es ihnen nützt. Dadurch wird das Gespräch positiver, und jeder Partner wird unmittelbar interessiert und leichter überzeugt.

1.4 Partnerfreundliche Ausstrahlung

„Sprechen" besteht ja nicht nur aus dem Inhalt des Gesprochenen. Es besteht – ebenso wichtig – aus der Art, wie Sie sprechen, also aus dem Eindruck, durch den Ihr Gesprächspartner sich „angesprochen" fühlt.

Je partnerfreundlicher er Sie durch die Art, wie Sie sprechen, empfindet, desto eher ist er bereit, Sie anzuhören und das zu bedenken, was Sie sagen.

Bis dahin ist es allerdings oft ein weiter Weg.

Sie sollten stets davon ausgehen, dass die „Zuhörbereitschaft" Ihres Gesprächspartners nicht sehr groß ist. Ihre Sorgen sind nicht unbedingt seine Sorgen; und es gibt Dinge, die er lieber täte, als mit Ihnen zu sprechen.

Da empfiehlt es sich, ihm das Zuhören möglichst leicht zu machen und Verhaltensweisen, die ihn stören und am Zuhören hindern, zu vermeiden.

Was könnte das sein? Die Antwort darauf geben Sie sich bitte selbst, denn Sie haben diese Situation wahrscheinlich alle schon am eigenen Leibe erlebt:

- Der Partner hat einen unangenehmen Stimmklang.
- Der Partner spricht zu leise.
- Der Partner spricht zu schnell.
- Der Partner streut dauernd „Ähs" ein.
- Der Partner nuschelt oder spricht sonst irgendwie undeutlich.
- Der Partner sieht Sie beim Sprechen nicht an.
- Der Partner macht ein abweisendes Gesicht beim Sprechen.
- Der Partner hat eine Körperhaltung, die Sie stört.
- Der Partner formuliert langweilig.
- Der Partner formuliert durcheinander.
- Der Partner kommt und kommt nicht zur Sache.

Sie sehen, es gibt viele Möglichkeiten, den Gesprächspartner in seiner Zuhörbereitschaft zu beeinträchtigen. Wird er nämlich – bewusst oder unbewusst – beim Wunsch, Willen oder Zwang, Ihnen zuzuhören, gestört und abgelenkt, dann schaltet er fast immer sofort ab und denkt nach und/oder ärgert sich über die Hindernisse, die Sie ihm beim Zuhören-Wollen in den Weg legen. Oder er ist sogar froh, dass er jetzt einen guten Grund findet, Ihnen nicht mehr zuhören zu müssen.

Nun wissen Sie oft gar nicht, ob und welche der oben genannten Störungen der Zuhörbereitschaft Ihrer Gesprächspartner Sie so an sich haben oder von sich geben.

Vielleicht wissen Sie, dass Sie viele „Ähs" sagen oder dass Sie sehr schnell sprechen. Aber Sie sind sich oft nicht darüber klar, wie störend oder erschwerend das für Ihren Gesprächspartner ist. Ganz abgesehen davon, dass Sie nicht wissen, wie unangenehm ein unbewegtes Gesicht oder falsche Gestik auf Gesprächspartner wirken können. Auch die Art zu formulieren ist wichtig: Zum partnerfreundlichen – und damit Erfolg bringenden – Formulieren gehört eben auch, das Gesagte so zu formulieren, dass es „spannend" wirkt.

Es würde den Rahmen dieses Büchleins sprengen, wenn ich auf alle diese Störungen der Zuhörbereitschaft eingehen würde. Das ist Aufgabe eines Rhetorik-Buches bzw. des Coachings durch eine Fachfrau oder einen Fachmann.

Ich empfehle Ihnen, überprüfen zu lassen, ob und welche dieser oder auch anderer Sprech-Unarten eventuell bei Ihnen vorliegen. Spezialistin auf diesem Gebiet ist meine Tochter, Frau Dagmar Kohlmann-Scheerer, ebenfalls Autorin bei GABAL.

Ein verletzter Gesprächspartner tut nicht gern das, was Sie von ihm wollen. Formulieren Sie deshalb harte Wahrheiten (oder was Sie dafür halten) partnerfreundlich, sodass sie nicht verletzen. Damit setzen Sie sich leichter durch. Auch Sie selbst können sich gegen Angriffe jeder Art durch partnerfreundliche Ich-Botschaften schützen.

- *Je angenehmer Sie auf Ihren Gesprächspartner während eines kontroversen Gesprächs wirken, desto eher ist er bereit, seine Position zugunsten der Ihrigen aufzugeben.*
- *Er wird Sie als angenehm empfinden, wenn Sie bereit sind, seine Meinung anzuhören und ernst zu nehmen, und wenn die Art, wie Sie sprechen, das Zuhören leicht und angenehm macht.*
- *Zeigen Sie durch partnerfreundliches Wiederholen sowie durch partnerfreundliche, umkehrbare Formulierungen Ihrer Gesprächsbeiträge, dass Sie Interesse an der Meinung des Gesprächspartners haben.*

- *Zeigen Sie Ihrem Gesprächspartner deutlich die Vorteile, die er hat, wenn er tut, was Sie von ihm wollen.*

30 MINUTEN

2. Vorteile des partner-freundlichen Verhaltens

Häufig stolpern wir in wichtige Gespräche hinein, ohne uns gedanklich genügend darauf vorbereitet zu haben. Sie sollten also wichtige Gespräche, die ja – jedes für sich – Einfluss auf Ihren Erfolg haben, möglichst präzise vorbereiten.

Im Folgenden werden Sie sehen, wie Sie unangenehme Überraschungen vorbeugend vermeiden können.

2.1 Erfolg statt Aggression

Jeder tätige Mensch hat immer wieder Ziele, die er erreichen will oder muss. Manche dieser Ziele setzt er sich selber, viele werden ihm von anderen vorgegeben. Eine Menge dieser Ziele können wir aber nur mithilfe anderer Menschen erreichen. Das gilt für private und für berufliche Ziele. Je mehr von unseren Zielen wir erreichen, umso erfolgreicher sind wir.

Dabei zeigt sich aber immer unsere Abhängigkeit von anderen Menschen, und oft ist es so, dass

- sie die Ziele, bei deren Erreichen sie uns helfen sollen, für falsch halten,
- sie selbst andere, entgegengesetzte Ziele haben,
- sie uns aus Neid oder anderen Gründen unsere Erfolge missgönnen,
- sie uns nicht leiden können.

Dann helfen sie uns nicht, sondern mauern und blockieren, leisten uns offen oder versteckt Widerstand oder verbieten uns, diese Ziele anzusteuern (wenn sie stärker sind als wir). In diesen Fällen wird es also für uns schwer oder unmöglich, unsere Ziele zu erreichen.

Die Personen, die uns helfen müssen, sind übrigens nicht nur Vorgesetzte, Kollegen oder Mitarbeiter. Es können auch Kunden, Lieferanten, Aufsichtsräte, Eigentümer usw. sein.

Wenn Sie aber Ihre Gespräche partnerfreundlich führen, werden Sie erreichen, dass die Menschen, die Ihnen bei der Durchsetzung Ihrer Ziele helfen sollen, dies dann oft auch tun, selbst wenn sie anderer Meinung sein sollten als Sie. Es ist viel leichter zu erreichen, als Sie denken, und ist auch dann möglich, wenn Sie der hierarchisch schwächere Gesprächspartner sind. Allerdings müssen Sie sich bei Ihrer Gesprächsvorbereitung auch noch über Folgendes genau informieren:

> **Merke!**
> Prüfen Sie:
> - Wie ist die Machtverteilung?
> - Will ich „siegen" oder „gewinnen?"
> - Steht der Gesprächsausgang fest oder kann ich ihn beeinflussen?

Die Machtverteilung

Bei jedem kontroversen Vortrag oder Gespräch gibt es drei mögliche Machtkonstellationen:

- Sie und Ihr Gesprächspartner sind gleich stark.
- Sie sind schwächer als Ihr Gesprächspartner.
- Sie sind stärker als Ihr Gesprächspartner.

In der Vergangenheit mussten Sie sich, je nachdem, in welcher dieser Konstellationen Sie sich befanden, für jede dieser Positionen eine Strategie zurechtlegen, mit der Sie versuchten, sich durchzusetzen. Mit dem partnerfreundlichen Verhalten haben Sie die große Chance, bei jeder der drei Konstellationen den Gesprächspartner ohne jeden Strategiewechsel – gewaltlos – für sich zu gewinnen. Sie brauchen also nicht auf das, was der Gesprächspartner sagt, zu reagieren, sondern Sie können agieren.

Ein Sieg über den Gesprächspartner schadet

Weiter sollten Sie sich vor jedem Gespräch – ganz gleich, wie die Machtverhältnisse sind – immer wieder sagen, dass ein „Sieg" über den Gesprächspartner für Sie schädlich sein könnte. Unter Sieg verstehe ich in diesem Zusammenhang: überreden, „überfahren", austricksen, zwingen, erpressen, befehlen, diktieren, einschüchtern usw.

Damit verletzen Sie eventuell das Selbstwertgefühl des anderen und bringen ihn gegen sich auf. Das erschwert einen für Sie positiven Ausgang des Gesprächs.

Oder aber der andere merkt es erst später und reagiert dann entsprechend. Es wäre sicher gescheiter, den oder die anderen für sich und Ihre Position zu gewinnen, statt sie zu besiegen.

Das können Sie durch Ihr partnerfreundliches Verhalten.

Mancher Gesprächsausgang ist vorbestimmt

Neben den Überlegungen: „Welche Machtverteilung?" und „Ein Sieg schadet" sollten Sie vor jedem wichtigen Gespräch noch überlegen: „Ist der Gesprächsausgang vorbestimmt?"

Da gibt es nämlich nur zwei Möglichkeiten, und darüber sind sich viele nicht im Klaren:

1. Möglichkeit: Gespräche, bei denen die Ziele (der Gesprächsausgang) von vornherein unwiderruflich und unveränderlich feststehen, bei denen es also keine Abweichungen und keine Kompromisse geben kann, bei denen Sie gezwungen sind, das vorgegebene Ziel zu erreichen.

Beispiele: Entlassungsgespräche, Versetzungsgespräche, Kritik- und Beurteilungsgespräche.

2. Möglichkeit: Gespräche, bei denen Sie sich zwar auch Ziele setzen müssen, aber in dem Bewusstsein, dass diese Ziele, oder einige von ihnen, nicht immer erreicht werden können, in denen Sie also unter Umständen während des Gesprächs neue Ziele bzw. Kompromisse finden müssen (die Sie sich am besten vorher schon überlegt haben).

Beispiele: Problemlösungsgespräche, Schlichtungsgespräche, Gehaltsgespräche (manchmal).

Sie sollten also vor jedem kontroversen Gespräch folgende Überlegungen anstellen:

- Welches sind meine Gesprächsziele? (Was will ich erreichen?) Muss ich diese Ziele erreichen, weil es keine andere Möglichkeit gibt?
- Habe ich Ermessensspielraum?
- Was mache ich, wenn ich gezwungen werde, meine Ziele aufzugeben?
- Welche neuen Ziele setze ich mir?
- Welche Kompromissmöglichkeiten gibt es?

Den Partner für sich gewinnen

Was wichtig und neu ist: Sie haben bei allen drei Gesprächsarten durch partnerfreundliches Verhalten, ohne Strategiewechsel, die Chance, den Partner für Ihre Position zu gewinnen.

Jeder Mensch hat Ziele. Jeder braucht Menschen, die ihm helfen, diese Ziele zu erreichen. Diese Helfer haben oft andere Vorstellungen, sie sind aber durch die Wirkung Ihrer partnerfreundlichen Gesprächsführung u. U. bereit, diese Vorstellungen aufzugeben und auf Ihre Ziele einzuschwenken.

2.2 Beispiele aus der Praxis

Zunächst habe ich als Beispiel die Machtkonstellation gewählt, bei der beide Gesprächspartner gleich stark sind. Es handelt sich um ein Problemlösungsgespräch, der Gesprächsausgang ist also offen. Bitte übertragen Sie dieses Beispiel auf Ihre speziellen Situationen.

Beispiel: Gleich starke Partner

Sie sind Betriebsleiter eines Fertigungsbetriebes und brauchen dringend einen zusätzlichen Ingenieur. Ihr Gesprächspartner ist der Personalchef, der die Befugnis hat, den Mann einzustellen. Hierarchisch sind beide gleichberechtigt.

Zur Wahl stehen zwei Bewerber: Herr X, ein erfahrener, älterer Ingenieur, und Herr Y, ein jüngerer Ingenieur mit ähnlicher Qualifikation wie X, aber ohne dessen berufliche und menschliche Erfahrung.

Ihr Gesprächsziel ist es, den Ingenieur X einzustellen. Der Personalchef, der sparen muss, will den Ingenieur Y einstellen, der erheblich weniger kostet als X.

Jetzt gibt es vier Möglichkeiten des Gesprächsausgangs:

1. Der Personalchef siegt und Sie verlieren, weil Sie Ihr Gesprächsziel, X einzustellen, nicht erreichen.
2. Sie siegen und der Personalchef verliert, weil er sein Gesprächsziel, Y einzustellen, nicht erreicht.
3. Das Gespräch geht unentschieden aus. Beide erreichen ihre Gesprächsziele nicht.
4. Sie gewinnen den Personalchef für Ihr Gesprächsziel, das Sie damit erreichen. Da Sie gewonnen, ihn aber nicht besiegt haben, ist dieser nicht sauer und muss sich nicht verteidigen.

Im Folgenden habe ich jeweils nur die entscheidende Gesprächsphase dieser vier Möglichkeiten aufgezeichnet. Sie sind L, der Personalchef ist P.

1. Möglichkeit: Der Personalchef siegt, Sie verlieren.

P: *„Also, Herr Leser, so kommen wir nicht weiter. Sie wissen ganz genau, dass die Geschäftsleitung uns alle – ich betone: alle! – zu äußerster Sparsamkeit verpflichtet hat, also auch Sie."*

L: *„Und ich bin für den reibungslosen Fertigungsablauf verantwortlich. Dazu brauche ich den Herrn X."*

P: *„Sie können doch nicht bestreiten, dass Herr Y das auch leisten könnte."*

L: *„Das nicht, nein, aber ..."*

P: *„Nun sehen Sie, da sind wir uns ja einig; und ich kann der Geschäftsleitung melden, dass wir voll im Sparprogramm liegen."*

Leser hat wahrscheinlich Gründe – welche auch immer –, jetzt nachzugeben. Aber er hat sein Gesprächsziel nicht erreicht und ist sauer, weil er „überfahren" wurde.

2. Möglichkeit: Sie siegen, der Personalchef verliert.

L: *„Also jetzt platzt mir doch der Kragen! Sie wollen wirklich von mir verlangen, jemanden einzustellen, von dessen Qualifikation ich nicht überzeugt bin?"*

P: *„Na, so ist das ja nicht. Die Qualifikation ist bei beiden gleich; und das bisschen Erfahrung hat Herr Y schnell drauf."*

L: *„Aber auf Kosten der Qualität! Wollen Sie es verantworten, jemanden einzustellen, der uns schaden könnte? Ich möchte wirklich gerne wissen, wie Sie das der Geschäftsleitung gegenüber vertreten wollen!"*

Hier können wir wohl abbrechen, denn der Personalchef gibt vermutlich nach. Jetzt haben Sie (Leser) Ihr Gesprächsziel erreicht. Aber um welchen Preis? Der Personalchef ist sauer auf Sie (verletztes Selbstwertgefühl) und wird sich vermutlich irgendwann an Ihnen rächen. Das sollten Sie lieber nicht riskieren.

3. Möglichkeit: Das Gespräch endet unentschieden.

P: *„Was sollen wir uns streiten, lieber Herr Leser. Lassen wir doch die Geschäftsleitung entscheiden."*

Dieser Gesprächsausgang ist für beide unbefriedigend. Erstens haben beide ihre Gesprächsziele nicht erreicht, und zweitens erwecken sie bei ihrer Geschäftsleitung den Eindruck, ohne deren Hilfe nicht zurechtzukommen.

4. Möglichkeit: Leser gewinnt den Personalchef.

L: *„Wenn ich Sie recht verstanden habe, Herr P, dann ziehen Sie Herrn Y vor, weil er weniger Geld fordert."*

P: *„Ja, so ist es. Herr Y ist zwar nicht ganz so erfahren wie Herr X, aber das wird sich ja im Lauf der Zeit ändern."*

L: *„Darauf möchte ich mich eigentlich nicht so gern verlassen. Ich bin unbedingt der Meinung, dass der Beste für uns gerade gut genug ist; und das ist nun mal Herr X."*

P: *„Ich bitte Sie, mich aber auch zu verstehen. Ich habe von der Geschäftsleitung strengstes Spargebot. Da kann ich eigentlich gar nicht anders, als auf Herrn Y zu bestehen."*

L: *„Natürlich verstehe ich das. Ich überlege nur, wie ich Sie davon überzeugen kann, dass der Teurere, Qualifiziertere wahrscheinlich auch der Preiswertere ist. Er verursacht weniger Pannen, arbeitet effizienter und leitet seine Mitarbeiter besser an."*

P: *„Da ist sicher was dran. Aber wir können es vorher nicht wissen. Könnten Sie nicht anderswo etwas einsparen?"*

Hier können wir abbrechen, denn es sieht ganz so aus, als ob sich die Herren einigen würden.

Was ist bei diesem letzten Gespräch anders als bei den Gesprächen davor?

Leser hat sein Verhalten geändert. Er hat – und das ist entscheidend – die Meinung des Personalchefs ernst genommen, hat sie respektiert und ihm das auch sehr deutlich gezeigt: *„Natürlich verstehe ich das."*

Wie sieht diese Verhaltensänderung im Einzelnen aus?

Leser fasst die vorangegangenen (hier nicht aufgeführten) Ausführungen des Personalchefs zusammen mit der Äußerung: *„Wenn ich Sie richtig verstanden habe, dann ..."* (partnerfreundliche Rückmeldung). Dadurch zeigt er ihm, dass er zugehört hat, sich also für seine Meinung interessiert, sie ernst nimmt. Die Beziehungsebene zwischen beiden Partnern wird sehr viel positiver. Der Personalchef fühlt sich verstanden und reagiert entsprechend entgegenkommend: *„Ja, so ist es ..."*

Auf die von ihm nicht akzeptierte Bemerkung des Personalchefs: *„Aber das wird sich ja im Lauf der Zeit ändern",* antwortet Leser mit Ich-Botschaften, d. h., er greift die Aussage des Personalchefs nicht an, sondern sagt: *„Darauf möchte ich mich nicht verlassen ...",* und: *„Ich bin der Meinung ...".* Das stimmt den Personalchef positiv, er setzt ebenfalls Ich-Botschaften ein (unbewusst) und bittet um Verständnis: *„Ich bitte Sie, mich aber auch zu verstehen ..."*

In dieser aggressionsfreien Atmosphäre begründet Leser dann seinen Vorschlag mit einleuchtenden Argumenten: *„Der Qualifiziertere ist wahrscheinlich auch der Preiswertere."*

Der Personalchef, der nicht angegriffen wurde, braucht sich also nicht zu verteidigen, kann deswegen weitgehend einlenken und bittet, um sein Gesicht zu wahren, um einen Kompromiss: *„Könnten Sie nicht anderswo etwas einsparen?"*
Hier die zum Erfolg führende Verhaltensänderung Lesers noch einmal zusammengefasst:

- Er zeigt, dass er die andere (abweichende) Meinung ernst nimmt.
- Er greift sie nicht an, macht sie nicht schlecht, sondern lässt sie im Raum stehen und signalisiert dadurch dem Gesprächspartner, dass er ihm das Recht auf seine Meinung zugesteht.
- Er bringt dann seine eigene, andere Meinung vor, die der Personalchef durchaus wohlwollend anhört und prüft, da er seine eigene (nicht angegriffene) Meinung nicht zu verteidigen braucht.
- Er hört also zu und macht durch die partnerbezogene Wiederholung deutlich, dass ihn die Meinung des Gesprächspartners interessiert.
- Er formuliert „umkehrbar", sagt also nichts, was er umgekehrt nicht auch sich selbst, ohne Verletzung seines Selbstwertgefühls, angehört hätte.
- Er verwendet Ich-Botschaften, greift also den Personalchef nicht mit „Partnerfeindlichen Du-Botschaften" an, sondern er sagt (umkehrbar) seine Meinung, äußert seine Gefühle.

Dieses Beispiel zeigt die vier Möglichkeiten des Ausgangs eines kontroversen Gesprächs, wenn beide Partner gleich stark sind. Es zeigt aber auch, dass derjenige, der sich partnerfreundlich verhält, den anderen mit hoher Wahrscheinlichkeit für seine Position gewinnt.

Beispiel: Auch der Schwächere kann gewinnen

Die Chance zu gewinnen besteht natürlich, wenn Sie der Stärkere sind, aber auch – und das ist erstaunlich wenn Sie in der schwächeren Position sind.

Hier der entscheidende Teil eines Gesprächs zwischen Bereichsleiter X und Abteilungsleiter Y eines Unternehmens.

X: *„Sie führen die Abteilung jetzt schon mehrere Wochen. Besondere Erfolge kann ich nicht entdecken. Meines Erachtens sollten Sie Ihre Leute härter anfassen. Die tanzen Ihnen auf der Nase rum.“*

Y: *„Sie sind der Meinung, ich sei nicht hart genug gegenüber meinen Mitarbeitern.“*

X: *„Stimmt.“*

Y: *„Ich bin natürlich nicht glücklich darüber, dass Sie diesen Eindruck haben. Aber bedenken Sie bitte, dass meine Mitarbeiter alle sehr selbstbewusste Ingenieure sind. Sie arbeiten zäh und gründlich. Das dauert aber seine Zeit. Wenn ich mehr Druck mache, werden sie nervös und ärgerlich, was leicht zu Fehlern führen kann. Deshalb meine ich, es ist besser, sie ‚an der lan-*

gen Leine' zu führen. Bitte geben Sie mir noch etwas Zeit."

Die partnerfeindliche Reaktion von Y hätte sich vielleicht so angehört:

Y: *„Also nehmen Sie es mir nicht übel, sind Sie nicht ein bisschen weit weg von der Front? Glauben Sie mir, ich weiß, was ich tue."*

Ich bin sicher, dass X auf die ersten – partnerfreundlichen – Antworten von Y (partnerfreundliche Wiederholung und partnerfreundliche Ich-Botschaft) seinerseits positiv reagiert. **Y** erreicht sicher sein Gesprächsziel, so weitermachen zu dürfen (obwohl er der Schwächere ist).

Bei der zweiten, partnerfeindlichen Antwort reagiert **X** mit Sicherheit sauer und damit hat Y keine Chance mehr.

Bei gleich starken Machtverhältnissen kann sich der Gesprächspartner, der sich partnerfreundlich verhält, leichter durchsetzen. Wenn Sie stärker sind als Ihr Partner, können Sie sich natürlich durchsetzen, ohne ihn zu besiegen. Erstaunlich ist aber, dass es ebenso möglich ist, wenn Sie der schwächere Gesprächspartner sind.

2.3 Das Geheimnis des partner-freundlichen Verhaltens

Wenn Sie sich als Führungskraft partnerfreundlich ver-halten, können Sie Ihre Mitarbeiter für sich und Ihre Ziele gewinnen und hinterlassen keinen aggressiven oder resignierenden Verlierer.

Wenn Sie als Mitarbeiter sich partnerfreundlich verhal-ten, können Sie Ihren Vorgesetzten vielleicht sogar von der Richtigkeit Ihrer Meinung überzeugen, zumindest aber die lähmende Wirkung des sogenannten „Macht-diktats", auf das wir später noch ausführlich zurück-kommen werden (s. S. 70), zu Ihren Gunsten abschwä-chen. Sie sind mit diesem Verhalten in der Lage, Ihre Meinung deutlich zu sagen, ohne den Führenden (z. B. Ihren Chef) zu verärgern, brauchen also keine Repres-salien zu befürchten.

Positive Beziehungsebene

Wenn Sie den anderen und seine Meinung ernst neh-men, sie respektieren, sorgen Sie für eine positive Be-ziehungsebene zwischen sich und dem Gesprächspart-ner.

Ist die Beziehungsebene positiv, so entstehen im Ge-spräch keine Aggressionen gegen Sie als Führenden, und es besteht die Chance, dass der Geführte vom Gefühl her veranlasst wird, das zu tun, was Sie von ihm verlangen, weil er einem so angenehmen Men-schen gern gefällig ist. Das kann also auch dann passieren, wenn er vom Verstand her nicht überzeugt ist.

Auch wenn Sie den Geführten kritisieren müssen, sollten Sie partnerfreundliche Ich-Botschaften verwenden, also Ihre eigenen, durchaus negativen Gefühle so aussprechen, dass sie den zu Kritisierenden nicht kränken. Sagen Sie nicht: *„Sie sind faul"*, sondern sagen Sie: *„Meines Erachtens könnten Sie sehr viel mehr leisten."* Merken Sie den Unterschied? Das eine demotiviert, das andere motiviert.

Zwingen oder gewinnen?

Wie schon erwähnt, brauchen Sie zum Erreichen Ihrer Ziele Helfer. Nicht immer sind diese Helfer mit den von Ihnen vorgegebenen Zielen einverstanden.

Wieder andere Helfer sind zwar mit den Zielen einverstanden, aber nicht mit den Wegen oder mit einigen der Wege, auf denen diese Ziele erreicht werden sollen.

Wenn der Führende – also z. B. Sie – das Erreichen seiner Ziele nicht gefährden will, wodurch das ganze Unternehmen gefährdet werden könnte, muss er die widerstrebenden Helfer austauschen oder sie zwingen, sich der Zielerreichung anzuschließen. Das bedeutet, dass diese gegen ihren Willen etwas tun und tolerieren müssen. Dadurch werden sie aber zu „Losern" mit vermutlich verletztem Selbstwertgefühl. Das ist für alle Beteiligten nicht nützlich, weder für den Betroffenen noch für den Führenden und vor allen Dingen nicht für die Firma, der beide dienen. Es entsteht ein Schaden für alle Mitarbeiter.

Was können Sie als Führender dagegen tun? Ihre Ziele können Sie ja den andersdenkenden Helfern zuliebe nicht aufgeben, es sei denn, die Meinung dieser Helfer passt noch besser in Ihr Konzept. Allerdings sind es ja zumeist nicht Ihre Ziele, sondern solche, die Ihnen von höherer Stelle – also durch die Umstände oder von höhergestellten Führenden – vorgegeben wurden.

Wie können Sie nun die „Abweichler" dazu bringen, Ihnen beim Erreichen der angestrebten Ziele zu helfen, ohne sie zu „Losern" zu machen? Wie können Sie den Gesprächsinhalt so formulieren und darstellen, dass Ihr Gesprächspartner diesen für ihn vielleicht unangenehmen Inhalt rational und/oder emotional annimmt? Es gibt drei Möglichkeiten:

1. Die Geführten rational davon überzeugen, dass Ihre Meinung besser ist, was durch Ihr partnerfreundliches Verhalten durchaus möglich wäre.
2. Die Geführten durch eben dieses partnerfreundliche Verhalten emotional auf Ihre Seite ziehen – also sie gewinnen. Durch Ihre partnerfreundlichen Anweisungen, die das Selbstwertgefühl der Angewiesenen nicht verletzen, können diese motiviert werden, Ihnen emotional zu folgen, auch wenn sie rational nicht überzeugt sind.
3. Am besten ist es natürlich, wenn Sie die Geführten sowohl rational wie auch emotional gewinnen.

Ganz besonders deutlich wird die Schwierigkeit, ein feststehendes Gesprächsziel bis zum bitteren Ende durchziehen zu müssen, bei Versetzungs- und Entlassungsgesprächen. Nehmen wir als schwerstes Beispiel:

Das Entlassungsgespräch

Sie können ja im Gesprächsverlauf die als notwendig beschlossene Entlassung nicht rückgängig machen. Andererseits ist es ein Gebot der Menschlichkeit, diese harte Maßnahme, die den zu Entlassenden völlig aus der Bahn wirft, so zu „verkaufen", dass er und sein Selbstwertgefühl nicht völlig zerstört werden.

Viele Chefs empfinden diese Situation als wirklich beklemmend und leiden mit dem zu Entlassenden. In dieser Not greifen sie zum Mittel der Härte, Kühle und Geschäftsmäßigkeit, um sich ja nichts anmerken zu lassen. Sie lassen lieber das „Machtdiktat" sprechen, um keine Gefühle zeigen zu müssen. Das macht die Situation für den Gesprächspartner noch zusätzlich schwerer: „So leicht macht der sich das?"

In einer solchen Situation ist ein partnerfreundliches Gespräch besonders wichtig. Ich will versuchen, es anzudeuten, bin mir aber im Klaren, dass es gegen die grausame Wirklichkeit blasse Theorie ist.

Chef: *„Ich möchte Ihnen vorab sagen, dass mir dieses Gespräch sehr, sehr schwerfällt: Ich muss Sie leider entlassen."*

So ist es richtig! Auf keinen Fall lange um den „heißen Brei" herumreden, sondern möglichst schnell zur Sache kommen.

Chef: *„Es ist mir klar, dass Sie das hart trifft – aber ich habe leider Gottes keine andere Wahl."*

Hier folgt dann eine nur kurze Begründung, um möglichst schnell den anderen sprechen zu lassen. Nur kein „Monolog" des Chefs!

Es könnten noch Hilfsangebote, vergangene Verdienste des Partners und andere möglichst aufbauende Fakten folgen. Dabei sollte der andere immer wieder zu Wort kommen, damit kein monologisches Machtdiktat entsteht. Solche Gespräche sollten Sie besonders gut vorbereiten.

Verhalten wirkungsvoll ändern

Machen Sie sich noch einmal ganz klar, worin die Unterschiede zwischen der „üblichen" und der partnerfreundlichen Verhaltensweise liegen. Das Besondere der partnerfreundlichen Variante ist Folgendes – ganz gleich, ob Sie stärker oder schwächer als Ihr Gesprächspartner sind, ganz gleich, ob Sie den Ausgang des Gespräches beeinflussen können, oder nicht:

* Sie greifen die (abweichende) Meinung des anderen nicht an.

- Sie greifen den Menschen nicht an, der diese (abweichende) Meinung hat.
- Sie beschädigen nicht sein Selbstwertgefühl.
- Sie zwingen ihn nicht dazu, sich verteidigen zu müssen.
- Stattdessen sagen Sie sehr deutlich Ihre eigene Meinung.

Das Ergebnis: Durch dieses Verhalten vermeiden Sie, dass der Gesprächspartner seine Meinung und damit sich selbst verteidigen muss, und Sie achten sein Selbstwertgefühl. Das bedeutet: Er wird fast nie aggressiv, weil er keinen Grund dazu hat. Somit können Sie viel entspannter und damit Erfolg versprechender über die von Ihnen vertretene Meinung diskutieren und sie dadurch leichter durchsetzen. Es lohnt sich also, sich partnerfreundlich zu verhalten.

Das Geheimnis partnerfreundlichen Verhaltens ist das Respektieren der anderen Meinung. So werden Aggressionen verhindert. Die Menschen, die Ihnen beim Erreichen Ihrer Ziele helfen sollen, wollen oft nicht. Durch Ihre partnerfreundliche Gesprächsführung sind diese dann häufig doch bereit, Ihnen zu helfen.

30

- *Beim Gespräch mit einem hierarchisch höheren oder aus anderen Gründen gleich starken Partner, setzt sich meist der durch, der partnerfreundlich argumentiert.*
- *Noch leichter gewinnen (nicht siegen!) Sie, wenn Sie stärker sind als Ihr Gesprächspartner.*
- *Erstaunlich, aber durchaus möglich ist es, dass Sie auch dann gewinnen, wenn Sie der Schwächere sind.*
- *Partnerfreundliches Verhalten wirkt also von „oben nach unten" wie auch von „unten nach oben", weil es Aggressionen verhindert.*
- *Es kann Einfluss nehmen sowohl auf den Verstand als auch auf das Gefühl des Gesprächspartners.*
- *Bei besonders schwierigen Gesprächen kann es Härten mildern.*

30 MINUTEN

Wissen Sie, dass Ihr Gefühlsleben überaltert ist?

Sind Sie von der „Arroganz der Macht" besessen?

Wissen Sie, welche Kräfte in Ihnen stecken?

3. Nicht siegen, sondern gewinnen

Viele Menschen werden oft aggressiv, ohne es zu wollen oder auch nur zu merken. Ich bekenne, dass ich zu diesen Menschen gehörte. Und wie ist es mit Ihnen?
Ein Blick auf die Funktionsweise des Gehirns hilft zu verstehen, woher diese Aggressivität kommt.

3.1 Blick ins Gehirn

Die Neigung zur Aggression ist eine weitverbreitete menschliche Eigenschaft. Sie stammt aus der grauen Vorzeit. Damals diente die möglichst schnell eintretende und möglichst starke Aggression nämlich einem wichtigen, oft entscheidenden Vorsprung für das Überleben.

Aggression als Hindernis

Heute ist das anders. Heute bedeutet unkontrolliertes Temperament gegenüber den Menschen, auf die man angewiesen ist, ein schweres Hindernis. Wir können unsere Gesprächspartner nicht mehr durch die Schnelligkeit und das Nicht-Vorhersehbare unserer Aggressionen ausschalten, denn diese Aggressionen äußern sich ja nicht mehr – wie früher – in Schlägen, sondern in Worten. Deshalb kann unkontrollierte Aggressivität ganz unangenehme Folgen haben. Sie macht Menschen, auf die wir angewiesen sind, zu unseren Feinden.

Wie ist es möglich, dass wir uns häufig so aggressiv und unklug benehmen und damit gegen unsere ureigensten Interessen handeln?

Unser Sozialleben hat sich verändert

Der Grund für dieses aggressive Verhalten liegt darin, dass der einzelne Mensch sich in den letzten zehntausend Jahren viel zu langsam entwickelt hat. In diesen zehntausend Jahren hat sich aber die Zahl der Menschen auf der Erde von ca. fünf Millionen auf etwa fünf Milliarden vermehrt.

Es liegt auf der Hand, dass sich dadurch besonders unser Sozialleben, also alle Regeln, Gesetzmäßigkeiten und Gebräuche des menschlichen Zusammenlebens, fortwährend und rapide verändert haben. Denken Sie doch nur daran, welche Veränderungen allein in den letzten, von uns noch überschaubaren fünfzig Jahren eingetreten sind!

Die damals, in grauer Vorzeit, im menschlichen Gehirn gespeicherten Gefühle haben sich dagegen in diesen zehntausend Jahren nur wenig fortentwickelt. Ein inzwischen völlig verändertes und sich stets rapide weiter entwickelndes menschliches Zusammenleben (Sozialleben) steht also einem zwei Millionen Jahre alten, fast unverändertem, den heutigen Verhältnissen überhaupt nicht gewachsenen Gefühlsleben gegenüber.

Wie kann sich dieser Umstand nun auf unsere Gespräche auswirken?

Auswirkungen auf unsere Gespräche

Was geschieht mit den Signalen, die wir über unsere Sinne von der Außenwelt empfangen? Wie werden sie verarbeitet?

Sehen wir uns dazu einmal die Arbeitsweise der dafür zuständigen Gehirnteile an. Augen, Ohren und die anderen Sinnesorgane senden die durch sie empfangenen Signale zum sogenannten Thalamus. Das ist der Gehirnteil, der diese ankommenden Signale zunächst einmal in die Sprache des Gehirns übersetzt.

Darauf schickt der Thalamus den größten Teil dieser übersetzten Signale zu den Hirnteilen, die für Sehen, Hören usw. zuständig sind. Dort werden sie dann analysiert, ihre Bedeutung geprüft, um dann anschließend die notwendig scheinenden Handlungen zu veranlassen. Wenn das Ergebnis dieser Prüfung eine Gefühlsreaktion notwendig machen sollte, sendet der betreffende Gehirnteil ein entsprechendes Signal zum sogenannten „Mandelkern". Dieser Mandelkern ist der Speicher für die in grauer Vorzeit gesammelten emotionalen Erinnerungen und Erfahrungen. Das Signal fordert nun den Mandelkern auf, die davon betroffenen Emotionszentren einzuschalten. Das geschieht, und der Mensch reagiert dann emotional entsprechend. Das ist auch in Ordnung, wenn wir in der Lage sind, diese Emotionen zu kontrollieren und auf unsere aktuellen Erfahrungen auszurichten. Aber es ist nicht immer so einfach.

Unerwünschte Reaktion

Neben dem normalen Weg über den zuständigen Gehirnteil gibt es nämlich noch einen direkten Weg vom Thalamus zum Mandelkern. Auf diesem direkten Weg sendet der Thalamus unter Umgehung der eigentlich zuständigen Gehirnteile einen kleineren, ihm wichtig scheinenden Teil der übersetzten Botschaft direkt zum Mandelkern. Das geht natürlich erheblich schneller als der (Um-)Weg über das zuständige Hirnteil.

Das heißt im Klartext: Noch ehe der zuständige Gehirnteil sich orientieren kann, worum es eigentlich geht, reagiert der Mandelkern bereits. Er veranlasst dann vorab eine Gefühlsreaktion, die ihm notwendig erscheint aufgrund seiner gespeicherten Erfahrungen.

Dabei fehlt dann die Kontrolle durch den Verstand im eigentlich zuständigen „umgangenen" Hirnteil. Diese im Mandelkern gespeicherten Erfahrungen sind vielleicht Millionen Jahre alt und auf das primitive Überleben in der Urzeit ausgerichtet, treffen also heute überhaupt nicht mehr zu und richten entsprechende Verwirrung an.

Es ist gut, das zu wissen, da es manche unserer uns oft selbst unverständlichen Reaktionen verständlicher macht. So ist diese Mandelkern-Reaktion oft die Ursache für spontane Unmutsäußerungen, die dann zwischen Partnern einiges Porzellan zertrümmern.

Was wir gegen Mandelkern-Reaktionen tun können

Wie können wir, wenigstens im Ansatz, diese vom Mandelkern veranlassten Spontanreaktionen verhindern? Wir können Spontanreaktionen verhindern,

- indem wir vor jedem schwierigen Gespräch uns immer und immer wieder sagen: *„Unser Gesprächspartner hat ein Recht auf seine Meinung. Wir müssen das respektieren!",*
- indem wir uns antrainieren, immer dann eine Pause einzulegen (in Gedanken: „STOPP!"), wenn wir uns ärgern: *„Stopp! Jetzt bist du ärgerlich! Also halte den Mund!"*

In der dadurch entstehenden Pause können die betroffenen Gehirnteile analysieren und reagieren und uns klar machen, dass der Verursacher dieser unkontrollierten Gefühlsregung, unser Gesprächspartner, ein Recht auf seine Meinung hat; wir täten also besser daran, nicht aggressiv, und damit partnerfeindlich, zu reagieren, wenn wir das Gespräch zu einem für uns günstigen Ende bringen wollen.

Im Kapitel 3.3 „Ich kann, wenn ich will" (S. 79) gebe ich Ratschläge, wie Sie Ihre Aggressionen systematisch in den Griff kriegen können.

Die Diskrepanz zwischen urzeitlichem Gefühlsleben und modernem Sozialleben erzeugt aggressive Spannungen. Um die Gefahr unkontrollierter Aggressionen zu vermeiden, sollten wir versuchen, den Verstand einzuschalten.

3.2 Das Machtdiktat – eine Versuchung

Es gibt da eine Art von Gespräch, die besonders häufig vorkommt und bei der das partnerfeindliche Verhalten fast Tradition ist. Es sind die Gespräche zwischen einem stärkeren und einem schwächeren Gesprächspartner, z. B. zwischen Chef und Mitarbeiter. Das könnten Sie und ein Mitarbeiter oder Ihr Chef und Sie sein. Diese Art von Gesprächen ist nichts anderes als ein Diktat des Mächtigeren. Ich bezeichne sie als „Machtdiktat". Dieses Machtdiktat ist eine Versuchung, die meist den überkommt, der aus irgendwelchen Gründen – z. B. aus hierarchischen – stärker ist als sein Gesprächspartner. Denn fast jeder, der stärker und mächtiger ist als sein Gesprächspartner, neigt dazu, mit der „Arroganz der Macht", also mittels „Machtdiktat", zu sprechen.

Beispiele:
„Da haben Sie ja mal wieder schönen Mist gebaut!"
„Es stimmt schon wieder mal nicht, was Sie da sagen!"

Beide Aussagen treffen die Person des Gesprächspartners (nicht die Sache) und verletzen sein Selbstwertgefühl. Er kann sich nicht dagegen wehren, weil er der Schwächere ist und Repressalien befürchten muss, wenn er sich auflehnt.

Diese beiden Äußerungen sind auch, wie jedes Machtdiktat, nicht „umkehrbar". Sie könnten das oder ähnliches nämlich umgekehrt nie zu Ihrem Chef sagen.

Die Beziehung zwischen Mitarbeitern und Chefs kann durch Machtdiktate nachhaltig vergiftet werden.

In vielen Fällen wird sich der Besiegte irgendwann und irgendwie auf seine Weise rächen, vor allem wenn das Machtdiktat häufiger eingesetzt wird. Jeder Sieg bringt fast immer neuen Krieg, und ein Einsatz des Machtdiktats bedeutet ja fast automatisch den „Sieg" des „Vorgesetzten" über den „Untergebenen".

Das kann auf Dauer nicht gut gehen.

Nun hat der untergebene „Schwächere" aber die Möglichkeit, durch partnerfreundliches Verhalten das Machtdiktat unwirksam zu machen. Hier ein Beispiel:

Beispiel: Machtdiktat

Situation: Die Sachbearbeiterin Anna Weber sitzt am PC, um eine wichtige Terminarbeit zu erledigen.

Ihr Kollege, Herr Landers vom Vertrieb, braucht das Ergebnis ihrer Arbeit ganz schnell zur Vorlage bei einem bedeutenden Kunden.

Sie ist zeitlich im Verzug, weil Herr Leidig, ihr Chef, sie mit anderen dringenden Arbeiten eingedeckt hat.

Jetzt klingelt das Telefon, am Apparat ist ihr Chef Leidig.

Leidig: *„Bitte kommen Sie doch gleich mal zu mir."*

(Leidig sitzt zwei Stockwerke höher.) Frau Weber ist nicht glücklich über diese Störung. Aber es ist ihr Chef, also muss sie spuren. Leidig begrüßt sie liebenswürdig. Er ist überhaupt ein freundlicher Mensch und schätzt Frau Weber als tüchtige Mitarbeiterin.

Leidig: *„Also, Frau Weber, ich muss nachher zum Vorstand – in einer wichtigen Sache. Aber wenn ich denn schon einmal dort bin, möchte ich endlich mal den Fall ‚Antweiler' zur Sprache bringen. Bitte unterrichten Sie mich über den augenblicklichen Stand der Dinge."*
Weber: *„Herr Leidig, es tut mit leid, aber ich brauche dazu meine Unterlagen."*
Leidig: *„Gut, dann holen Sie sie bitte."*

Analyse:
Frau Weber kann die Arbeit für Herrn Landers (Vertrieb) nicht rechtzeitig abliefern, da die Unterredung mit Herrn Leidig einige Zeit dauert.

Landers muss den Kunden, für den er die Unterlagen von Weber braucht, vertrösten. Der Kunde ist verärgert. Weber vertrödelt Zeit, weil sie zurück in ihr Büro gehen muss, um die Unterlagen zu holen.

Sie ist verärgert oder traurig, auf jeden Fall aber verletzt, weil sie ihre Arbeit von ihrem Chef nicht ernst genommen sieht. Er hat nicht gefragt, woran sie gerade arbeite, ob er störe, ob das, was sie gerade mache, wichtiger sei als das, was er von ihr wolle. Auch dass er sie einmal vergebens hat kommen lassen, ärgert sie. Da Ähnliches schon öfter passiert ist, beschließt sie, die Dinge in Zukunft leichter zu nehmen und sich nicht mehr aufzuregen. Es ist ja viel einfacher, „Dienst nach Vorschrift" zu machen.

Sie wird überall erzählen, was Leidig ihr angetan hat. Die Beziehungsebene zwischen beiden ist beschädigt. Frau Weber wird vielleicht irgendwann den Mut finden, ihr verletztes Selbstwertgefühl dadurch zu heilen, indem sie Leidigs Arbeit ab und zu mal sabotiert.

All das tut der Firma sicher nicht gut.

Wäre es auch anders gegangen?

Ja. Frau Weber hätte partnerfreundlich reagieren können. Zunächst einmal hätte sie dann Verständnis dafür, dass ihr Chef den Kopf voll anderer Gedanken hat. Sie respektiert sein unqualifiziertes Verhalten, nimmt sich aber das Recht heraus, sich gegen das Machtdiktat zu wehren:

Weber: *„Es ist mir sehr unangenehm, Herr Leidig (Ich-Botschaft), aber wenn ich jetzt meine Arbeit unterbrechen müsste, gäbe es Ärger. Herr Landers vom Vertrieb braucht ganz eilig die detail-*

lierten Unterlagen für den Reklamationsfall Achkirch. Der Kunde erwartet ihn noch heute. Wäre es sehr schlimm, wenn ich erst in ca. 1 ½ Stunden zu Ihnen käme? Bis dahin bin ich fertig."

Vermutlich hätte Herr Leidig das akzeptiert, denn dadurch, dass Frau Weber keine negative Reaktion zeigte, hätte sich Leidig nicht angegriffen gefühlt. Er hätte sich also nicht zu verteidigen brauchen. Die Beziehungsebene wäre positiv geblieben.

Leidig hätte die Argumente leidenschaftslos geprüft und seine Entscheidung wäre vermutlich zugunsten von Weber ausgefallen.

> **Merke!**
> Ein positiv empfundener Sender (Weber) zieht oft eine positive Bewertung der Botschaft nach sich. („The medium is the message.")

Im Einzelnen sieht die partnerfreundliche Reaktion in diesem Beispiel also so aus: Statt Leidig wegen seines durchaus unqualifizierten Ansinnens (*„Bitte kommen Sie doch gleich mal zu mir"*) anzugreifen oder beleidigt zu reagieren (z. B.: *„Hören Sie mal, ich habe schließlich auch noch anderes zu tun"*) reagiert Frau Weber mit einer Ich-Botschaft, d. h., sie sagt, was sie im Augenblick fühlt (*„Es ist mir sehr unangenehm, wenn ich jetzt ..."*). Sie sagt also nicht: *„Sie stören mich"* (partnerfeindliche

Du-Botschaft), sondern verwendet die wesentlich weniger aggressive Ich-Botschaft, die ja immer umkehrbar ist.

Sie müssen unbedingt noch Folgendes beachten

Eine Verhaltensänderung ist niemals glaubhaft ohne eine vorausgegangene Bewusstseinsänderung.

Nur wenn Sie innerlich tief überzeugt davon sind, dass jeder Mensch das Recht auf seine Meinung hat, nur dann werden Sie Ihr Verhalten überzeugend ändern können.

Das fällt Ihnen aber gar nicht so schwer, wenn Sie immer wieder bedenken, dass Sie persönlich ganz großen Wert darauf legen, eine eigene Meinung haben zu dürfen, und sehr ungehalten sind, wenn jemand diese Meinung, also Ihr Recht darauf, angreift.

Wie lässt sich das Machtdiktat verhindern?

Zunächst einmal sollten Sie sich nicht aufregen, sondern es respektieren, wenn Ihr Chef sich das Recht nimmt, das Machtdiktat anzuwenden, ebenso wie Sie natürlich das Recht haben, sich dagegen zu wehren. Sie müssen jetzt zwei Wünsche unter einen Hut bringen. Einerseits müssen Sie sich Ihr Selbstwertgefühl erhalten, das ja durch das Machtdiktat droht, verletzt zu werden.

Andererseits wollen Sie Ihr Anliegen beim Chef erfolgreich vertreten. Sie dürfen also nicht resignieren, sondern müssen sich durchsetzen, aber so, dass das Selbstwertgefühl Ihres Chefs nicht verletzt wird, denn dann ziehen Sie ja auf jeden Fall den Kürzeren. Sie setzen jetzt am besten partnerfreundliche Ich-Botschaften ein, wie wir sie ja schon an einigen Beispielen gesehen haben. An jede dieser Ich-Botschaften hängen Sie noch einen weiterführenden Satz an, der weg vom Gefühl und hin zur Sache führt.

Beispiel: Weiterführender Satz

Chef: *„Sie haben mal wieder versagt.“*
Sie: *„Ich bin sehr beunruhigt, dass Sie das so sehen“* (Ich-Botschaft). *„Ich würde gern mit Ihnen darüber sprechen, wie Sie zu dieser Ansicht kommen“* (weiterführender Satz).

Die Chance, dass Sie jetzt vernünftig miteinander reden können, ist groß.
Also keinesfalls aggressiv reagieren, wie z. B. so:

„Ich weiß nicht, ob Sie das so richtig beurteilen können!“

Auch nicht beleidigt reagieren:

„Sie hätten das auch nicht besser machen können!“

Also keine partnerfeindlichen Du-Botschaften, die führen nur zur Eskalation und damit zu Ihrer Niederlage! Mit Ihrer partnerfreundlichen Ich-Botschaft zeigen Sie

Ihrem Chef, dass Sie ein Problem haben, dass er Sie verletzt hat und dass nur er Ihr Problem – Verletzung Ihres Selbstwertgefühls und damit Blockade in der Sache – lösen kann.

> **Merke!**
> Ich-Botschaften sind eigentlich Forderungen an den anderen, sein Verhalten zu ändern. Doch scheuen sich Führende oft, Ich-Botschaften an Geführte zu senden, und bedienen sich lieber des Machtdiktats.

Wie Sie als Chef das Machtdiktat vermeiden können

Oft verführen Ungeduld und Verantwortungsgefühl Chefs leicht dazu, das bequem zu handhabende Machtdiktat einzusetzen, um die Geführten „auf Vordermann" zu bringen.

Was machen Sie als Führender,

- wenn Ihre Mitarbeiter andere Vorstellungen von Ihren Zielen haben,
- wenn sie diese Ziele nicht richtig oder gut finden,
- wenn Sie sich in ihren Augen fehlerhaft verhalten?

Die unter Umständen unangenehmen Konsequenzen des Machtdiktats habe ich schon beschrieben.

Anstatt die Beziehungsebene zwischen sich und den Geführten durch dieses Machtdiktat negativ einzufärben, setzen Sie besser – und mit sehr viel größerer Erfolgschance – partnerfreundliche Ich-Botschaften ein. Jeder Geführte, der eine andere Meinung hat als Sie, hat das Recht darauf, diese Meinung zu haben. Das sollten Sie akzeptieren. Außerdem sollten Sie auch die Meinung an sich respektieren. Mit diesem Verhalten setzen Sie sich leichter durch.

Warum das Machtdiktat eingesetzt wird

Die wenigsten Vorgesetzten setzen das Machtdiktat aus Bosheit ein.

Oft ist es Unbeherrschtheit (Mandelkern), oft auch einfach nur Gedankenlosigkeit und Bequemlichkeit nach dem Motto: *„So geht es am schnellsten."*

Manchmal aber, das möchte ich mit Nachdruck betonen, geschieht es auch aus Verantwortungsgefühl. Denn fast jeder Chef hat auch seinerseits wieder einen Chef. Sie wahrscheinlich auch.

Nun erwartet jeder Führende von seinen Geführten, dass sie ihm helfen, die Ziele zu erreichen, die er ihnen vorgegeben hat. Er hat diese Ziele wiederum vor seinem Chef zu verantworten und/oder er ist überzeugt von der Richtigkeit dieser Ziele.

Also muss er den Mitarbeiter „zwingen", ihm bei der Zielerreichung zu helfen, und das geht nun einmal am einfachsten und schnellsten durch das Machtdiktat.

Das Machtdiktat dient dem Vorgesetzten häufig als Instrument der Disziplinierung. Aber auch hier, beim Machtdiktat des Stärkeren, kann sich der

sich partnerfreundlich verhaltende, schwächere Gesprächspartner durchsetzen und damit das Machtdiktat unwirksam machen. Ebenso kann der stärkere Gesprächspartner sich selbst dazu zwingen, das Machtdiktat nicht einzusetzen – zu beider Vorteil. Das Machtdiktat schadet sowohl dem, der es anwendet, als auch dem, gegen den es angewendet wird.

3.3 Ich kann, wenn ich will

Das partnerfreundliche Verhalten verlangt bei konsequenter und damit erfolgreicher Anwendung vermutlich auch von Ihnen eine Verhaltensänderung.

Die Meinung eines anderen ernst nehmen

Ihr Verstand sagt wahrscheinlich ohne große Schwierigkeiten Ja zu dieser Forderung, weil ihre Befolgung eine ganze Reihe von einleuchtenden Vorteilen mit sich bringen würde. Aber bei vielen wird sich das Gefühl dagegen sträuben, weil unser aus der Vorzeit stammender Selbsterhaltungstrieb dagegenspricht.

Verhaltensänderung ist planbar

Wie können Sie trotzdem, wenn notwendig, Ihr Verhalten ändern?

Der Dichter und Satiriker Christian Morgenstern hat diesen Wunsch meisterhaft ausgedrückt:

„Der, der ich bin, grüßt wehmütig den, der ich sein möchte."

Es geht eigentlich nur um eines: Wie schaffe ich es, ohne inneren Widerstand die andere, mir unangenehme Meinung zu respektieren?

Diese Fähigkeit zu erlangen ist – wie so vieles im Leben – eine Angelegenheit der Planung, d. h., Sie müssen diese Ihnen notwendig erscheinende Verhaltensänderung systematisch angehen. Das bedeutet allerdings einige Zeit intensiver Arbeit.

Es geht nämlich darum, die gewollte Bewusstseinsveränderung zu automatisieren, sie in Ihr Unterbewusstsein zu bringen und damit in Ihr Gefühl. Das schaffen Sie nur dann, wenn Sie sich zunächst immer wieder bewusst machen, dass Sie fremde, andere, abweichende Meinungen ernst nehmen wollen. Dieses „Sich-bewusst-machen" muss so lange erfolgen, bis die Botschaft *Ich nehme jede Meinung ernst* im Unterbewusstsein angekommen ist. Dann brauchen Sie nie mehr daran zu denken, dann ist es „automatisiert".

Dieser Vorgang funktioniert ähnlich wie ein Videorekorder: Wird das alte Programm („andere Meinungen nicht ernst nehmen") überspielt, ist es gelöscht und das neue („die Meinung des anderen ernst nehmen") tritt an seine Stelle. Das ist zwar wissenschaftlich nicht erwiesen, aber es erklärt den Vorgang exakt.

Um sich diese als notwendig erkannte Verhaltensänderung nun immer wieder bewusst zu machen, können Sie sich einiger Hilfsmittel bedienen:

Notizbuch

Sie schlagen jeden Abend vor dem Schlafengehen Ihr Notizbuch auf und tragen unter dem Datum des folgenden Tages ein:

„Andere Meinungen ernst nehmen!"

Dann klappen Sie das Notizbuch zu und legen sich schlafen.
Am nächsten Abend schlagen Sie das Notizbuch wieder auf und erschrecken:

„Ach ja, ich hatte mir vorgenommen, andere Meinungen ernst zu nehmen. Aber ich habe den ganzen Tag über nicht daran gedacht, sondern immer wieder das ‚Machtdiktat' eingesetzt."

Dann tragen Sie für den nächsten Tag wieder ein:

„Andere Meinungen ernst nehmen!"

Das machen Sie jeden Abend.

Zettel

Sie schneiden sich acht bis zehn Zettel im Format DIN A7, DIN A8 aus.
Auf jeden Zettel schreiben Sie ein großes „**V**" (= „Vorsatz").
Nun kommt jeweils ein Zettel

- in die Geldbörse,
- in die Handtasche,
- in die Jackentasche,
- an den Badezimmerspiegel,
- auf den Nachttisch,
- auf das Armaturenbrett im Auto,
- auf den Schreibtisch usw.

So stoßen Sie immer wieder auf einen Zettel mit dem „V" = „Vorsatz" = *„Was hatte ich mir vorgenommen? Ach ja, andere Meinungen ernst nehmen!"*
Weitere Möglichkeit (geht wohl nicht in allen Fällen):

Fremdhilfe

Sie sagen Ihrer Frau, Ihren erwachsenen Kindern und anderen Personen Ihres Vertrauens, was Sie vorhaben und bitten sie, Sie immer darauf hinzuweisen, wenn Sie dagegen verstoßen.
Vor allem Frau und Kinder werden Ihnen mit eigennütziger Begeisterung helfen!

Eine weitere Möglichkeit:

Autosuggestion

„Andere Meinungen ernst nehmen" ist eine sogenannte „Vorsatzformel". Je öfter Sie diese Vorsatzformel den-ken oder sprechen, desto schneller erreichen Sie die gewünschte Verhaltensänderung. Tagsüber ergeben sich da viele Möglichkeiten. Also immer

wieder leise oder, wenn möglich, laut vor sich hinsprechen:

„Andere Meinungen ernst nehmen."

Hier noch eine etwas längere (erprobte) Vorsatzformel: Mehrere Male täglich verhalten, aber nachdrücklich sprechen:

„Ich bin partnerfreundlich und nehme deshalb die Meinung eines anderen ernst, sehr ernst."

Unser noch aus der Urzeit stammendes Gefühlsleben macht es uns schwer, Aggressionen zu vermeiden. Das Machtdiktat schadet dem, der es einsetzt, und dem, gegen den es eingesetzt wird.
* *Wir sollten versuchen, bei Aggressionen immer wieder den Verstand einzuschalten.*
* *Wenn das Machtdiktat angewendet wird, kann man sich durch partnerfreundliches Verhalten dagegen wehren.*
* *Möglichkeiten, andere Meinungen ernst zu nehmen, sind Gedächtnishilfen, Vorsatzformeln, Autosuggestion.*

30 MINUTEN

4. Ergebnis

Das partnerfreundliche Verhalten macht alle die bisher in Literatur und Praxis bekannten und angebotenen Verhaltensregeln überflüssig.

4.1 Sie sind stärker als vorher

Sowie Sie begriffen – und erlebt – haben, wie stark Ihre Position in einem Gespräch wird, wenn Sie andere Meinungen ernst nehmen und das deutlich machen, bestimmen Sie oft weitgehend den Gesprächsverlauf.
Das wird nicht immer reibungslos klappen, denn es reden ja nicht Roboter miteinander, sondern Menschen mit nicht immer voraussehbaren Reaktionen.

4.2 Sie leben aggressionsfreier

Noch ein Vorteil: Das partnerfreundliche Verhalten bedarf keines allgemeinen Konsenses. Jeder kann es für sich allein anwenden. Es genügt schon, wenn Sie es in Ihrem Umfeld tun. Dann wird in Ihrem beruflichen Bereich und in Ihrer Familie wesentlich aggressionsfreier gearbeitet und gelebt als anderswo.

4.3 Es ist leichter, als Sie denken

Es ist auch durchaus nicht notwendig, alle besprochenen Regeln dauernd anzuwenden. Es reicht im Allgemeinen, bei kontroversen Gesprächen umkehrbar zu sprechen und auf das Machtdiktat (von oben nach unten) oder auf Aggression und Resignation (von unten nach oben) zu verzichten, um zu einem gewalt- und damit verletzungsfreien Gespräch zu kommen.

Die anderen Verhaltensregeln können dann, je nach Situation, Bedarf und Fortschritten, angewendet werden.

Im Gegensatz zu vielen anderen Methoden, sich durchzusetzen, hinterlässt das partnerfreundliche Verhalten keine Wunden. Außerdem ist es keine „Masche", sondern eine Verhaltensweise, die „Maschen" und „Tricks" völlig überflüssig macht und deshalb wirksam sein wird, solange es Menschen geben wird.

Deshalb ist es nicht nur erfolgreich, sondern auch human.

Fast Reader

1. Was Sie beachten sollten, wenn Sie gewinnen wollen

Verhalten Sie sich partnerfreundlich, d. h., respektieren Sie, dass Ihr Gesprächspartner eine eigene Meinung hat, ohne aber dabei Ihre eigene Meinung aufzugeben. Er wird dann sehr viel eher das tun, was Sie von ihm wollen.

Wenn Ihr Gesprächspartner merkt, dass Sie ihm zuhören, mag er Sie, auch wenn Sie eine andere Meinung haben als er. Allerdings sollten Sie ihm ganz deutlich machen, dass Sie zuhören. Dabei können Ihnen das „sichtbare Zuhören" und die „partnerfreundliche Rückmeldung" sehr behilflich sein.

Ein verletzter Gesprächspartner tut nicht gern das, was Sie von ihm wollen. Formulieren Sie deshalb harte Wahrheiten (oder was Sie dafür halten) partnerfreundlich, sodass sie nicht verletzen. Da-

mit setzen Sie sich leichter durch. Auch Sie selbst können sich gegen Angriffe jeder Art durch partnerfreundliche Ich-Botschaften schützen.

- *Je angenehmer Sie auf Ihren Gesprächspartner während eines kontroversen Gesprächs wirken, desto eher ist er bereit, seine Position zugunsten der Ihrigen aufzugeben.*
- *Er wird Sie als angenehm empfinden, wenn Sie bereit sind, seine Meinung anzuhören und ernst zu nehmen, und wenn die Art, wie Sie sprechen, das Zuhören leicht und angenehm macht.*
- *Zeigen Sie durch partnerfreundliches Wiederholen sowie durch partnerfreundliche, umkehrbare Formulierungen Ihrer Gesprächsbeiträge, dass Sie Interesse an der Meinung des Gesprächspartners haben.*
- *Zeigen Sie Ihrem Gesprächspartner deutlich die Vorteile, die er hat, wenn er tut, was Sie von ihm wollen.*

2. Vorteile des partnerfreundlichen Verhaltens

Jeder Mensch hat Ziele. Jeder braucht Menschen, die ihm helfen, diese Ziele zu erreichen. Diese Helfer haben oft andere Vorstellungen, sie sind aber durch die Wirkung Ihrer partnerfreundlichen Gesprächsführung u. U. bereit, diese Vorstellungen aufzugeben und auf Ihre Ziele einzuschwenken.

Bei gleich starken Machtverhältnissen kann sich der Gesprächspartner, der sich partnerfreundlich verhält, leichter durchsetzen. Wenn Sie stärker sind als Ihr Partner, können Sie sich natürlich durchsetzen, ohne ihn zu besiegen. Erstaunlich ist aber, dass es ebenso möglich ist, wenn Sie der schwächere Gesprächspartner sind.

Das Geheimnis partnerfreundlichen Verhaltens ist das Respektieren der anderen Meinung. So werden Aggressionen verhindert. Die Menschen, die Ihnen beim Erreichen Ihrer Ziele helfen sollen, wollen oft nicht. Durch Ihre partnerfreundliche Gesprächsführung sind diese dann häufig doch bereit, Ihnen zu helfen.

- *Beim Gespräch mit einem hierarchisch höheren oder aus anderen Gründen gleich starken Partner, setzt sich meist der durch, der partnerfreundlich argumentiert.*

- *Noch leichter gewinnen (nicht siegen!) Sie, wenn Sie stärker sind als Ihr Gesprächspartner.*

- *Erstaunlich, aber durchaus möglich ist es, dass Sie auch dann gewinnen, wenn Sie der Schwächere sind.*

- *Partnerfreundliches Verhalten wirkt also von „oben nach unten" wie auch von „unten nach oben", weil es Aggressionen verhindert.*

- **Es kann Einfluss nehmen sowohl auf den Verstand als auch auf das Gefühl des Gesprächspartners.**
- **Bei besonders schwierigen Gesprächen kann es Härten mildern.**

3. Nicht siegen, sondern gewinnen

Die Diskrepanz zwischen urzeitlichem Gefühlsleben und modernem Sozialleben erzeugt aggressive Spannungen. Um die Gefahr unkontrollierter Aggressionen zu vermeiden, sollten wir versuchen, den Verstand einzuschalten.

Das Machtdiktat dient dem Vorgesetzten häufig als Instrument der Disziplinierung. Aber auch hier, beim Machtdiktat des Stärkeren, kann sich der sich partnerfreundlich verhaltende, schwächere Gesprächspartner durchsetzen und damit das Machtdiktat unwirksam machen. Ebenso kann der stärkere Gesprächspartner sich selbst dazu zwingen, das Machtdiktat nicht einzusetzen – zu beider Vorteil. Das Machtdiktat schadet sowohl dem, der es anwendet, als auch dem, gegen den es angewendet wird.

Unser noch aus der Urzeit stammendes Gefühlsleben macht es uns schwer, Aggressionen zu ver-

meiden. Das Machtdiktat schadet dem, der es einsetzt, und dem, gegen den es eingesetzt wird.

- Wir sollten versuchen, bei Aggressionen immer wieder den Verstand einzuschalten.
- Wenn das Machtdiktat angewendet wird, kann man sich durch partnerfreundliches Verhalten dagegen wehren.
- Möglichkeiten, andere Meinungen ernst zu nehmen, sind Gedächtnishilfen, Vorsatzformeln, Autosuggestion.

Lösungsverzeichnis

Übung 1 (S. 26)
Partnerfreundliche Formulierungen:

1. *„Sehr schade, dass du schon wieder reingefallen bist."*
2. *„Ich denke, beim nächsten Mal wird es klappen!"*
3. *„Mit meiner Erfahrung hätten Sie es bestimmt geschafft!"*
4. *„Ich möchte nicht, dass du das tust!"*
5. *„Ihre Kritik finde ich ungerecht."*

Übung 2 (S. 27)
Partnerfreundlich sind: 1., 4., 6., 8., 10.

Übung 3 (S. 32)
1.b), 2.c), 3.b) sind partnerfreundliche Ich-Botschaften.

Übung 4 (S. 34)
1.e), 2.d), 3.d), 4.a), 5.c), 6.b) sind partnerfreundliche Ich-Botschaften.

Der Autor

Prof. Dr. Harald Scheerer, ehemaliger ARD- und ZDF-Moderator, wurde durch die WDR-Fernsehserie *Reden müsste man können* und den gleichnamigen GABAL-Bestseller bekannt. Scheerer war leitender Mitarbeiter verschiedener Firmen. Als ehemaliger Professor für Absatzwirtschaft, Angewandte Rhetorik und Führungsverhalten versteht er es, wissenschaftliche Erkenntnisse und handfeste Praxiserfahrung miteinander zu verbinden.

Weiterführende Literatur

- Golemann, Daniel: Emotionale Intelligenz. München: dtv 1997

- Gordon, Thomas: Managerkonferenz. Effektives Führungstraining. München: Heyne, aktualisierte Neuausgabe 2005

- Kohlmann-Scheerer, Dagmar: Kontern – aber wie? Offenbach: GABAL Verlag, 2. Aufl. 2007

- Lay, Rupert: Manipulation durch die Sprache. Berlin: Ullstein 1990

- Scheerer, Harald: Mit Worten führen. Offenbach: GABAL Verlag 2002

- Scheerer, Harald: Reden müsste man können. Offenbach: GABAL Verlag 1999

Register